# 光合成生物の進化と
生命科学

三村徹郎・川井浩史 編著

培風館

## 著者一覧 (五十音順)

| | | |
|---|---|---|
| 角野 康郎 (かどの やすろう) | 神戸大学 大学院理学研究科 教授 | (4章) |
| 川井 浩史 (かわい ひろし) | 神戸大学 内海域環境教育研究センター 教授 | (4章) |
| 小菅 桂子 (こすげ けいこ) | 神戸大学 大学院理学研究科 准教授 | (5章) |
| 重岡 成 (しげおか しげる) | 近畿大学 農学部 教授 | (7章) |
| 杉田 護 (すぎた まもる) | 名古屋大学 遺伝子実験施設 教授 | (6章) |
| 園池 公毅 (そのいけ きんたけ) | 早稲田大学 教育・総合科学学術院 教授 | (1, 2章) |
| 舘野 正樹 (たての まさき) | 東京大学 日光植物園 准教授 | (5章) |
| 田茂井 政宏 (たもい まさひろ) | 近畿大学 農学部 准教授 | (7章) |
| 中山 剛 (なかやま たけし) | 筑波大学 生命環境科学研究科 講師 | (3章) |
| 深城 英弘 (ふかき ひでひろ) | 神戸大学 大学院理学研究科 教授 | (5章) |
| 牧野 周 (まきの あまね) | 東北大学 大学院農学研究科 教授 | (8章) |
| 三村 徹郎 (みむら てつろう) | 神戸大学 大学院理学研究科 教授 | (1, 5章) |

本書の無断複写は,著作権法上での例外を除き,禁じられています.
本書を複写される場合は,その都度当社の許諾を得てください.

○ 全ての植物で必須性が報告されている元素　　◎ ある種の植物で有用性が報告されている元素　　● いずれかの動物で必須性が報告されている元素

図1.4　生命を形作る元素
（周期律表（http://www.arealink.org/cell/atom.html）を改変）

光化学系Ⅰのアンテナクロロフィルと反応中心クロロフィル（円内）

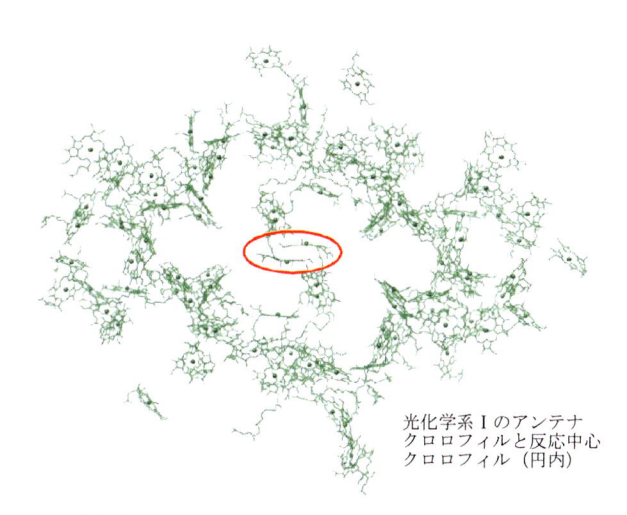

図2.2　光化学系Ⅰのクロロフィル
光化学系Ⅰ反応中心複合体の中のクロロフィルの配置。中心に近い赤い楕円形で囲った二分子のクロロフィルが反応中心を構成している。

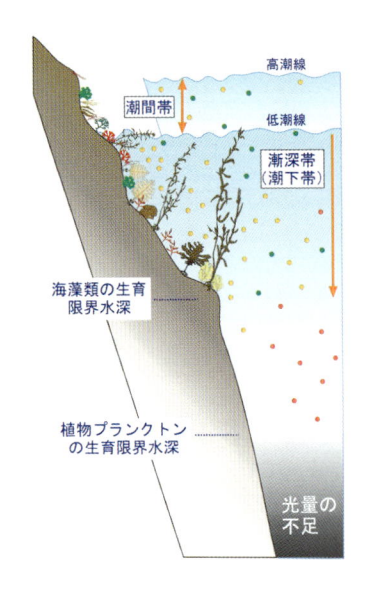

図 4.1 海藻類，植物プランクトンなどの生育状況の垂直断面図

図 4.3 多核嚢状の体をもつ緑藻バロニア類
1つの細胞の直径が数 cm に達する。

図 4.7 スイレン科ジュンサイで見られる雌雄異熟
a：開花1日目の雌しべが成熟した花，
b：開花2日目以降の雄しべが伸びた花。
この仕組みにより，時が受粉を回避していると考えられる。

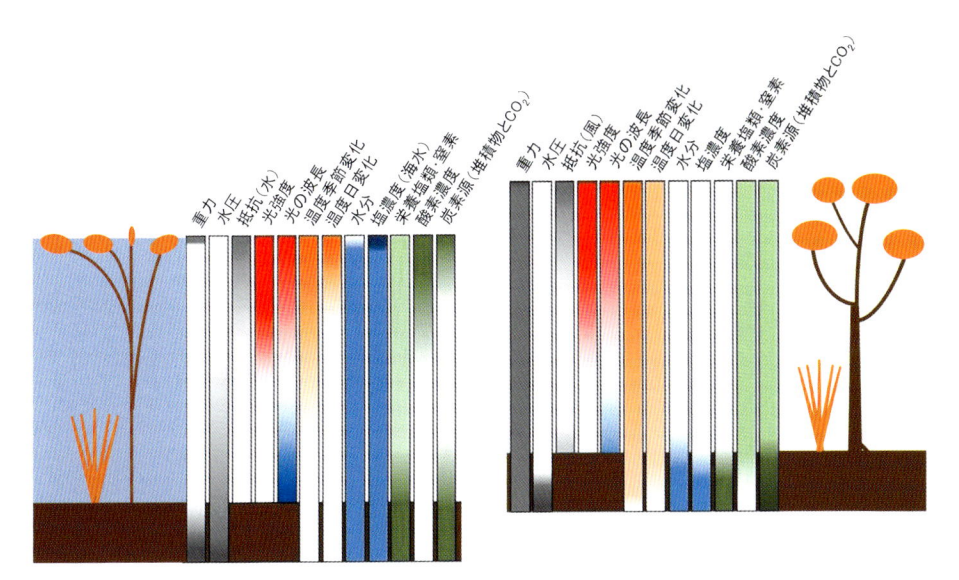

図 5.1　水環境（左下）と空気中（右上）
水中では深さに応じて水圧が増加する。水深に伴う波長の分布は光合成に有効な光が下部に行くほど減少する。水は比熱容量が高く，水温の日変化が起こりにくい。水中では状況に応じて，植物体周囲の栄養塩類や塩濃度が変化するが，土壌の堆積物が多く，炭素や窒素に富む。水中では陸上のような乾燥による影響はないが，気中に比べて二酸化炭素や酸素の拡散速度が $10^{-4}$ 倍と非常に遅く，生存に影響を及ぼす。

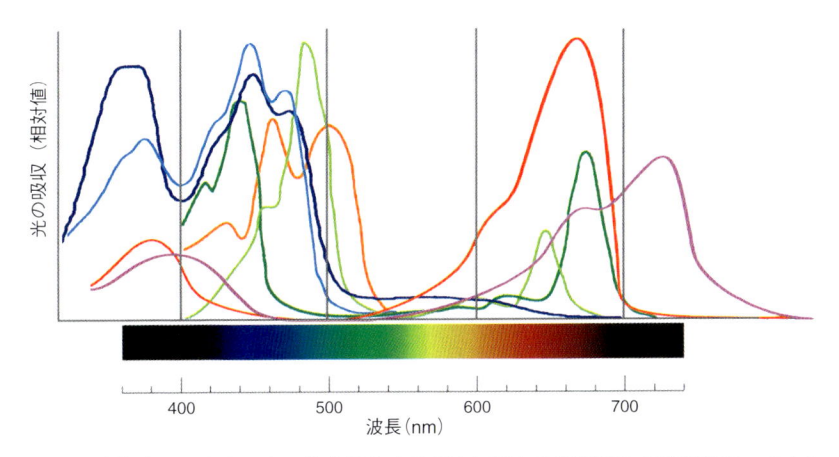

図 5.2　太陽光スペクトルと，陸上植物の光反応に関わる光受容体の光吸収スペクトル
光合成色素——緑：クロロフィル a，黄緑：クロロフィル b，橙：カロチノイド
赤色光反応を司る色素——赤：フィトクロム（$P_R$ 型），ピンク：フィトクロム（$P_{FR}$ 型）
青色光反応を司る色素——青：クリプトクロム，水色：フォトトロピン（LOV ドメイン）

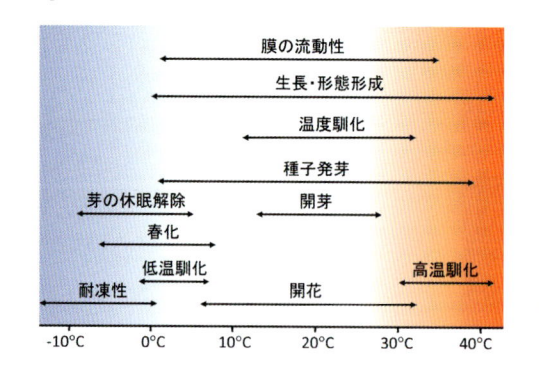

図 5.5 温帯に分布する植物における気温変化への応答

図 5.10 地表近くに形成されるミズナラの根
降水によって表土が流されてしまうと，根の張り方がよくわかるようになる。樹木の根は地表面近くに放射状形成にされ，地中深くに伸びた根は見られない。これは，植物にとって必要な無機窒素などは有機物を含む表層の土壌に存在するためと考えられている。

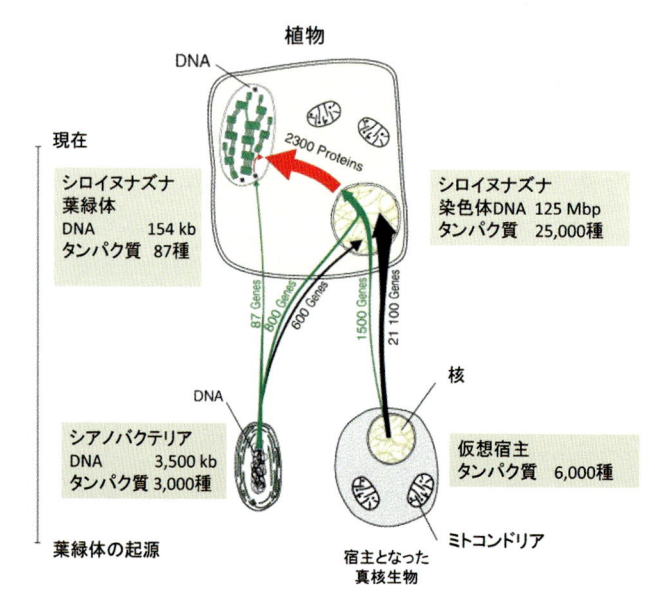

図 6.4 細胞内共生によってシアノバクテリアから宿主核に移った遺伝子の数と，葉緑体に供給されるようになったタンパク質の数の推定

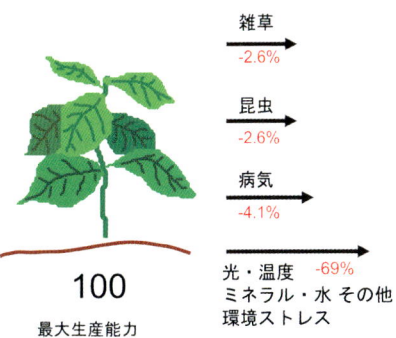

**図 7.2　環境ストレスによる植物の生産性抑制**
雑草，昆虫，病気などの生物的，および環境ストレスによって一般的な作物が有する最大生産能力の約 22% しか発揮できない。この減少を抑えることができれば，作物の生産性を高めることが可能となる。

- 雑草　-2.6%
- 昆虫　-2.6%
- 病気　-4.1%
- 光・温度　ミネラル・水　その他　環境ストレス　-69%

100　最大生産能力（作物：トウモロコシ，コムギ，ダイズ，ジャガイモなど）

22　平均生産能力

**図 7.5　シアノバクテリア由来 FBP/SBPase を導入した形質転換タバコ**
播種後 18 週目のタバコ。右の 4 つが FBP/SBPase 遺伝子導入タバコ。右の 2 つは FBPase 活性が高い株，中央 2 つが中程度の株。FBPase 活性の強さに応じて葉，茎，根の成長が良くなっている。左の 2 つは対照としての野生株

ストレス処理前

野生株　katE導入株　野生株　tAPX導入株

強光・乾燥ストレス処理72時間後　　パラコートストレス処理24時間後

**図 7.7　活性酸素消去酵素遺伝子を導入した形質転換タバコ**

大腸菌カタラーゼ（katE）を葉緑体で発現させたタバコ（左から 2 列目）は，野生株に比べて強光・乾燥ストレスを受ける環境でも枯れないことがわかる。また，葉緑体チラコイド膜結合型アスコルビン酸ペルオキシダーゼ（tAPX）を導入したタバコは，活性酸素を生じる薬剤（パラコート）を噴霧しても枯れないことがわかる。

図 7.9　HsfA2 遺伝子導入により酸化的ストレス耐性能が向上した形質転換植物
上段がストレス処理前、下段が強光、乾燥ストレス後の植物。右2つがHsfA2導入シロイヌナズナ。左の2つは対照としての野生株。HsfA2を導入することにより、強光、乾燥ストレスに強くなることがわかる。

図 7.13　青いバラ
青色色素の合成にかかわる遺伝子を導入することによって作出されたサントリーの青いバラ（中と右）。遺伝子の発現量などによって色に変化が見られる（Matsumoto Y. et al. 2007）

図 8.5　イネ FACE 実験
(独)農業環境研究所と東北農業研究センターが岩手県雫石町で行った開放形圃場における高 $CO_2$ 圃場実験。リンク中央で 580 ppm $CO_2$ 濃度を維持してイネを登熟まで栽培。

# はじめに

 本書は，光合成によって光エネルギーを利用して生きて行くことができる生物群が，地球上でどのように進化してきたか，またどのようなしくみをもっているかを見通すことを目的としてまとめたものである。
 私たち人間のみならず地球上のほとんどの生物が，その存在のすべてをこの「光合成能をもつ生物群」に負っていることは，よく知られた厳然たる事実である。

 「光合成能をもつ生物群」は，一般には「植物」と呼ばれている。一方で，本書の題名にある「光合成生物」という言葉は，一般の方はもとより，生物学の専門家にもあまりなじみのない言葉かもしれない。「光合成」という用語や「生物」という用語は，小学生でも知っている単語であり，それらをつないだ光合成生物という言葉は，おそらく「光合成をすることができる生物」のことだろうと類推できるであろう。しかし，それでは，多くの人々になじみ深い「植物」というものとどこが違うのか疑問に思われるのではないだろうか。
 本書には，「光合成生物」という言葉と「植物」という言葉がさまざまに出てくる。あえて本書の題名に「植物」という言葉を使わずに，「光合成生物」という言葉を使ったのは，現代の生物学において「植物」という用語が示す定義が，一般に意味するものとは大きく変わってきているからである。
 「植物」を生物学においてどのように定義するか，またどのような生物群が「植物」に含まれるのか，という問題に的確に答えるのは非常に難しい。

# はじめに

「植物」は一般に「動物」の対語として用いられており，生物全体から動物を除いたものが植物であると理解している人も多いだろう．しかし，菌類（キノコやカビ）や細菌（バクテリア）は人によって植物に含める場合もあれば，植物でも動物でもない，独立した生物群として扱う場合もある．この場合は植物，動物，菌類，細菌などが生物群として並列することになる．一方，主に水のなかで生活する光合成生物は「藻類」として扱われることが多いが，藻類は植物に含められる場合もあれば，やはり植物とは独立して扱われることもある．また「藻類」という用語も，その定義は大変困難である．一般には藻類は，水のなかで生活する植物という意味で使われることが多いが，より正確には「細菌」の一部であるシアノバクテリア（藍藻）もしばしば藻類に含まれ，その正確な定義は「酸素発生型の光合成生物から陸上植物を除いたもの」となり，なかなか難解である．

「光合成能をもつ生物群」が，地球上でどのように進化してきたか，またどのようなしくみをもっているかを見通すことを目的とする本書では，その生物群をすべてまとめて表す言葉として「光合成生物」という用語以外はない，というのが，本書の題名に「光合成生物」という言葉を使用している理由である．

これらの混乱は，われわれが，それぞれの生物群の間の関係や生物全体の進化の歴史のあらすじが明らかになるより前に，さまざまな生物に「動物」や「植物」（や「菌類」，「細菌」）という名前をつけてしまったためである．近年，伝統的な分類学の知識に分子生物学的な研究の成果を加えることで，さまざまな生物群どうしの進化的な関係がかなり明らかになってきた．しかし，残念ながら，生物学の研究者の間には，それぞれの研究領域で伝統的に使われてきた「植物」や「藻類」といった用語の使い方があり，それらの定義や使い方はまだ十分定まっていない．このため，本書の中では，さまざまな生物群，とくに「光合成生物」，「植物」を原則として次に示すように区分して使うこととするが，慣用上の理由から，一部にこの定義から外れる場合（多くの場合，「真核光合成生物」または「陸上植物」を示すものとして「植物」を用いている）もあることをご承知いただければ幸いである．

はじめに

下に，この関係を6段階の分類として簡単にまとめておく。

1. 光合成生成物
   2. 原核光合成生物
      3. 光合成細菌：紅色細菌，緑色硫黄細菌など
      3. シアノバクテリア*（藍藻）
   2. 真核光合成生物
      3. 藻類（真核藻類）：灰色植物（灰色藻），紅色植物（紅藻），緑色植物**（緑藻，シャジク藻など），クロララクニオン藻，ユーグレナ藻，クリプト藻，ハプト藻，不等毛植物（珪藻，褐藻，黄緑藻など），渦鞭毛藻など
      3. 陸上植物**（緑色植物）
         4. コケ植物
         4. 維管束植物
            5. シダ植物
            5. 種子植物
               6. 裸子植物
               6. 被子植物

注：*シアノバクテリアは原核藻類として扱うこともある。**緑色植物は一部は藻類として一部は陸上植物として扱われる。また「高等植物」という用語は陸上植物のうち，コケ植物を除いたもの（維管束植物）に対して使われることが多い。

上に示したすべての分類群に属する生物の多くの性質は，太古の昔にシアノバクテリアが手に入れた「光合成」という機能を，シアノバクテリア自身のみならず，それを利用した多様な生物群が，異なる環境のもとで活用できるようさまざまな工夫を重ねてきたことに依存している。その進化は，すべて「光合成」のあり方との関係で決まっているといっても言いすぎではないであろう。

本書では，「光合成生物」と呼べる生物群がもつ機能としての「光合成」の実際と，その機能を手に入れたことで進化がどのように規定されてきたかを説明するとともに，今やその機能を人為的に改変する技術を手に入れた人類が，それをどのように作り変えていくのか，また地球環境の変化が，「光

合成生物」や「人類」の存在にどのように影響するかを考えてみることを目指したものである。

　そのために，本書には「光合成」の専門家と呼べる方々だけでなく，系統分類学，生態学，生理学，分子生物学，ゲノム科学，分子育種学という多方面の専門家にも参加いただき，「光合成生物」をキーワードに執筆していただいた。

　人類にとって最も重要な生きものである「光合成生物」というものを知り，その来し方行く末を「現代生命科学」の言葉で考えるために，本書をご利用いただけるなら大きな喜びである。

　　2014年5月

編　者

# 目　　次

**1章　光合成生物という生命の生き方**　　　　　　　　　（園池公毅, 三村徹郎）
　1.1　生命とは何か ……………………………………………………… 1
　　　(1)　生命とは？　1
　　　(2)　エネルギーの流れと秩序の形成　3
　　　(3)　地球におけるエネルギー分布と生命圏　4
　　　(4)　情報の複製系，エネルギーの動的平衡系としての生命　5
　1.2　生命の進化とエネルギー ………………………………………… 7
　　　(1)　生物のエネルギー獲得様式の変化　7
　　　(2)　生物の存在量　7
　　　(3)　地球最初の生命はどのようにエネルギーを獲得したか　8
　1.3　エネルギー吸収と固定に働く光合成生物 ……………………… 9
　　　(1)　地球におけるエネルギー収支と光合成生物　9
　　　(2)　光合成生物が固定する元素　10
　1.4　環境に応答するゲノム，動物とは何が違うのか ……………… 12
　　　(1)　複合共生系としての真核光合成生物の細胞　12
　　　(2)　真核光合成生物のゲノム構成　12
　1.5　進化のベクトル …………………………………………………… 12
　　　(1)　光合成生物の繁栄を規定する要因は何か　12
　　　(2)　地球環境の変化と光合成生物，人類　14

**2章　光合成の本質を探る**　　　　　　　　　　　　　　　　　（園池公毅）
　2.1　光合成はどのように生まれたか ………………………………… 17
　2.2　光エネルギーの化学エネルギーへの変換装置の実態 ………… 19
　　　(1)　反応中心と電荷分離の反応　19

v

  (2) 光合成色素 20
  (3) 電子伝達とATP合成 22
  (4) 光エネルギーの利用と光阻害 25
  (5) ストレス条件における活性酸素の生成, 消去 27
  (6) 細胞へのエネルギー供給 28
  (7) 電子伝達の出発点としての水 29
 2.3 $CO_2$ から有機炭素化合物を作る代謝過程の実態 ……………… 32
  (1) ルビスコという酵素 32
  (2) カルビン・ベンソン回路 33
  (3) 光呼吸 34
  (4) $C_4$ 光合成 35
  (5) CAM型光合成 36
  (6) 光合成の産物 38
  (7) デンプンとセルロース合成 39
 2.4 光エネルギーとその他の代謝系 ………………………………… 40

## 3章　光合成生物の歴史と多様性　　　　　　　　　（中山　剛）

 3.1 シアノバクテリアの誕生とそれがもたらしたもの ………… 43
 3.2 真核生物が光合成生物になるとき ……………………… 46
  (1) 葉緑体の誕生 46
  (2) 陸上植物の登場 52
 3.3 葉緑体の水平伝播：二次共生 ……………………………… 55
  (1) 二次共生と葉緑体 55
  (2) 紅藻起源の葉緑体 57
 3.4 現在進行形の植物化 ……………………………………… 60
 3.5 光合成生物であることをやめる ………………………… 62

## 4章　海・湖沼での光合成生物（藻類・水草）の暮らしと
##    それを支えるメカニズム　　　　　（川井浩史, 角野康郎）

 4.1 海, 湖沼という成育環境 ……………………………………… 65
 4.2 環境適応と進化的制約 ……………………………………… 67
 4.3 海で生きる光合成生物 ── 外洋環境への適応 ……………… 67
  (1) 細胞の小型化 67

目　次　　　　　　　　　　　　　　　　　　　　　　　　　vii

　　　　　(2)　細胞附属構造の発達と鉛直運動　71
　　　　　(3)　混合栄養　72
　　4.4　海で生きる光合成生物 —— 沿岸環境への適応 ･･････････････ 73
　　　　　(1)　細胞壁の発達と多細胞化，組織分化と大形化　73
　　　　　(2)　生活史の多様化　76
　　　　　(3)　有性生殖様式の多様化　79
　　　　　(4)　遊泳細胞のの化学走性と光走性　80
　　4.5　湖沼・河川環境への適応 ････････････････････････････････ 82
　　　　　(1)　水草の進化と多様化　82
　　　　　(2)　光合成における炭酸利用　83
　　　　　(3)　水草の形態とその可塑性　85
　　　　　(4)　多様な繁殖生態の進化　86

## 5章　陸上環境への適応と，環境シグナルの受容

　　　　　　　　　　　　　　（小菅桂子，舘野正樹，深城英弘，三村徹郎）
　　5.1　光合成のための光環境の認識 ･･････････････････････････････ 89
　　　　　(1)　光情報の受容　91
　　　　　(2)　赤色光反応を司るフィトクロム　92
　　　　　(3)　青色光反応を司るクリプトクロムとフォトトロピン　93
　　　　　(4)　紫外線　95
　　　　　(5)　光情報処理　95
　　5.2　乾燥（水分）ストレスに対する応答 ････････････････････････ 96
　　　　　(1)　乾燥環境で生きるということ　96
　　　　　(2)　乾燥誘導性遺伝子とABA　98
　　5.3　温度環境への適応と温度認識 ･･････････････････････････････ 100
　　　　　(1)　温度センサー　101
　　　　　(2)　高温環境　103
　　　　　(3)　低温・凍結環境　105
　　　　　(4)　温度馴化と温度適応の進化　108
　　5.4　多細胞化と重力に対する対応 ･･････････････････････････････ 109
　　　　　(1)　重力と形態形成　110
　　　　　(2)　根の重力応答　111
　　　　　(3)　シュート・茎の重力応答　115
　　5.5　水・栄養塩環境の認識 ････････････････････････････････････ 117
　　　　　(1)　水環境　118

(2) 栄養塩環境の認識　122
5.6 細胞と全体 ･･････････････････････････････････････････････ 123

# 6章　真核光合成生物のゲノム科学　　　　　　　　　（杉田　護）
6.1 真核光合成生物ゲノムの特徴と進化 ････････････････････････ 125
 (1) ゲノム解読で見えてきた植物の進化　125
 (2) 光合成生物の進化に関与した遺伝子　127
6.2 光合成生物を特徴づける遺伝子ファミリー ･･････････････････ 129
 (1) 遺伝子ファミリーの獲得と植物の進化　129
 (2) 植物の進化にともなって巨大化した遺伝子ファミリー　130
 (3) 植物ゲノムの倍加と消失によるゲノムの再編成　132
6.3 葉緑体DNAの核移行 ── 過去と現在 ････････････････････････ 134
 (1) 葉緑体から核へのDNAの大規模転移　134
 (2) 葉緑体から核へのDNA転移を再現する　137
 (3) 核に転移した葉緑体遺伝子の機能新生　137

# 7章　バイオテクノロジーの現状と課題　　　（重岡　成，田茂井政宏）
7.1 核ゲノムへの遺伝子組換え技術 ････････････････････････････ 140
7.2 植物バイオテクノロジーによる生産性の向上 ････････････････ 142
7.3 光合成炭素代謝能力の強化による生産性増大 ････････････････ 145
 (1) ソース器官での光合成機能を向上させた植物　145
 (2) 転流効率を向上させた植物　149
 (3) シンク機能を向上させた植物　150
7.4 環境ストレス耐性能の強化による生産性増大 ････････････････ 151
 (1) 非生物的ストレス耐性能を向上させた植物　151
 (2) すでに実用化されている環境ストレス耐性植物　154
7.5 葉緑体形質転換技術による医薬品などの物質生産 ････････････ 155
 (1) 葉緑体ゲノムへの遺伝子導入の方法と利点　155
 (2) 医薬タンパク質などの有用物質生産　158
7.6 今後の課題 ･･････････････････････････････････････････････ 159

## 8章　人類がもたらす地球環境変動と植物　　（牧野　周）

- 8.1　植物の光合成と地球環境の変化 ········· 161
  - (1)　$CO_2$ 濃度の変化　161
  - (2)　酸素濃度の変化　163
- 8.2　光合成と光呼吸 ························· 165
  - (1)　$CO_2$ 固定酵素 Rubisco　165
  - (2)　Rubisco と光呼吸　166
  - (3)　植物が光呼吸機能をもったわけ　167
- 8.3　$C_4$ 光合成の地球環境的意味 ············ 171
  - (1)　$C_4$ 光合成の代謝反応と生理　171
  - (2)　地球上の植物はすべて $C_4$ 化するのか？　173
- 8.4　近未来の地球環境変化と植物 ·········· 174
- 8.5　人工的な光エネルギー変換 ············ 178
  - (1)　人工光合成　178
  - (2)　太陽光発電　179

**用 語 解 説**　　181
**索　　引**　　189

# 1章 光合成生物という生命の生き方

1章では，まず，生命とは何かから考える。そして，生命・エネルギー・環境・進化をキーワードに地球上の生命のあり方と，その中での「植物」（光合成生物）の位置づけを概観してみることとしよう。

## 1.1 生命とは何か

**(1) 生命とは？**

光合成生物とは何かを考える前に，まずは生物とは何かを考えてみよう。われわれ人間も含めた動物，植物，細菌などは生物である。しかし，一般的な生物の定義においては，ウイルスは生物に含まれない。ウイルスは増殖するし，どう見ても人工物とは思えないのになぜ生物に含めないのだろうか。ウイルスを生物とみなさない理由はいくつかあるが，最も重要な違いは，ウイルス内においては**代謝**（エネルギーの授受に働く化学反応）が見られないことである。ウイルスはタンパク質とDNAあるいはRNAからなる塊とみなすことができる。その塊は，複製と複製の間の時期においては，少しも変化することなく同じ状態を維持し続ける。もし，何らかの要因でウイルスの構成成分の一部が破壊されれば，その時点でウイルスとしての働きは失われるだろう。

一方で生物は，自分の体を維持し，活動するために細胞内で不断の代謝を行ない，また多細胞生物においては細胞自体も入れ替わる。見かけは変わら

ずとも，人間の皮膚の細胞は一ヶ月後には全く新しい細胞と入れ替わっている。このように代謝を行なうことにより，生物は外部からの要因により攪乱を受けても，それを乗り越えて生き続けることができる。この点が生物の大きな特徴であり，ウイルスや，あるいは単なる石ころと生物が根本的に異なる点といえよう。

　量子力学の開拓者の一人であるシュレーディンガーは物理学者であったが，1944年に「生命とは何か」という本を出版し，生物の本質を物理学者の視点から論じた。この本においては，生物の遺伝の物質的基盤が一つの焦点となっており，遺伝情報を伝える物質は，物質のもつ本質的な不確定性を考えると，一つの巨大分子（あるいは結晶）でなくてはならないことが論じられている。このようなものの見方は，多くの生物学者と物理学者の興味をとらえ，のちの遺伝物質としてのDNAの構造決定と，その後の分子生物学の発展のきっかけとなった。

　一方で，シュレーディンガーが「生命とは何か」において論じたもう一つの重要な点が，生物の秩序の源である。砂浜の砂のお城が一日たてば跡形もなくなるように，現実の建物や都市もやがては崩れ去る。ところが，世の中のあらゆる物事が時とともに乱雑さを増していくように見える中で，生物は，個体としても，また親から子へという生命の連続性を通しても，常に変化をしながらも秩序を保ち続ける。この秩序の維持は，変化をしないということとは異なる。一つの彫刻は，ある程度の時間にわたって変化をしないことによってその形を保ち続けるかもしれないが，もし，そこに変化が導入された場合には，確実に元の形を保つことができなくなり，秩序が失われるだろう。しかし，生物の場合は，個体を構成する細胞が次々に置き換わる中でも，個体全体としては，その秩序を保ち続けることができる。なぜそのようなことが生物だけに可能なのだろうか。

　二十世紀の初頭までは，生物には，物質には存在しない特別な「生気」があり，これが生物を物質からは区別するとともに生物に秩序を与えているという「生気論」が生き残っていたが，その後は生物といえども通常の物理法則に従うという考え方にとってかわられた。物理学者であるシュレーディン

ガーは，生物は，外界から「負の乱雑さ（エントロピー）」を取り入れることによって，自らの体の秩序を保っていると述べた。生物が自分の体の中で増大する乱雑さを外から取り入れる負のエントロピーによって打ち消すことにより，生命の秩序を保つという考え方は，ある意味で直感的に理解しやすい。ただし，この「負のエントロピー」という概念は誤解を招きやすい表現であり，シュレーディンガー自身，外界から取り入れるのは正確には「自由エネルギー」と考えるべきであるとのちに修正している。**外界から取り入れるエネルギーが生物に秩序をもたらしている**という考え方である。

## (2) エネルギーの流れと秩序の形成

自由エネルギーは，ある化学変化が起こった場合に放出されうるエネルギーと考えることができる。炭水化物が燃焼すれば，$CO_2$と水になるが，この際には，一定のエネルギーが放出される。燃焼の場合は，このエネルギーの放出は，温度の上昇という形で表れるが，呼吸などにより炭水化物が$CO_2$と水に変化する場合は，生物が体の中の諸反応を進めるためのエネルギー物質（例えばATP（アデノシン三リン酸））の合成の形をとる。

では，この自由エネルギーがなぜ「負のエントロピー」として働きうるのだろうか。

例えば，ビーカーの中の水を温めることを考えてみよう。水の分子は熱運動をしており，一つ一つの分子はでたらめな方向に動いている。これと，もう少し温度の高い水を単に比べると，個々の分子の運動の速度はより大きいが，運動の方向はでたらめのままである。しかし，ビーカーの底から水を熱して，水の上面から蒸発によって熱が奪われていく場合のように，エネルギーの流れが存在する場合は，対流という形で秩序が生まれる。でたらめな方向に動いていた水分子は，対流によって一定の方向に秩序をもって動き出すことになる（図1.1）。

外界から生物の体に取り入れられた自由エネルギーは，体内の反応に使われた後，熱となって体外に捨てられる。このようなエネルギーの流れの中では，体内に秩序を生み出すことが可能となる。このことは，地球全体を見て

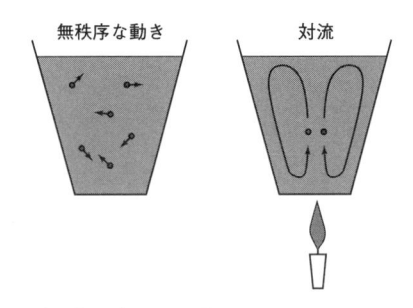

図1.1 コップの中の水分子の動き
コップの中の水分子は何もなければ勝手な方向へ動いているが，下から温められて上から熱が逃げていくというエネルギーの流れの中におかれると，対流という秩序正しい分子の動きが生じる。

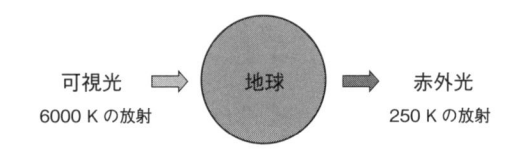

図1.2 エネルギーの流れの中の地球
地球は，太陽からの可視光と宇宙への赤外光の放射というエネルギーの流れの中におかれている。

可視光 6000 K の放射
赤外光 250 K の放射

も当てはまる。太陽から地球に光という形でエネルギーが降り注ぎ，最終的に温められた地球から赤外線の形でエネルギーが宇宙空間へと捨てられる（図1.2）。このエネルギーの流れの中に存在する地球には，秩序が生み出される可能性があり，実際に地球生態系の大部分の生物は，この太陽を出発点とするエネルギーの流れから秩序を生み出しているのである。そして，生態系においてそのエネルギーの取り入れ口となっているのが光合成生物である。

## (3) 地球におけるエネルギー分布と生命圏

地球上において生命はどこに存在しているだろうか。例えば地球を気圏，水圏，地圏に分ける場合がある。生命は，そのすべてに存在しており，その意味では地球は生命に覆われているといってよい。一方で，それぞれの場所において生命がどの部分に存在しているかを考えると，実際には生命は均等

に分布しているわけではなく，限られた場所に集中している。波打ち際を見るだけでは魚や海藻に満ちているように思われる海も，100 m も潜るととたんに生命の影は薄くなる。水圏における生命の大部分は，最深部では 10,000 m の深さをもつ海の中で，そのほんの表面だけにしか存在しない。土の中も同様で，地表面付近では植物の根や動物，昆虫などが豊富に見られるものの，深さが深くなるとともに生き物を見いだすことは難しくなっていく。これは，単に目に見える生き物だけの話ではなく，微生物の場合も同様である。

　海でも土の中でも，深く潜っていったときになくなるものは何かと言えば，光である。そして，光こそがほとんどすべての生命の究極的なエネルギー源であり，地球上で光があたっているところ，少なくとも光があたっているところからそれほど離れていないところが，生命の活動範囲となっているわけである。これは，前に述べたように，太陽を出発点とするエネルギーの流れが生命の源であることを考えれば，当然といってもよいだろう（図1.3）。

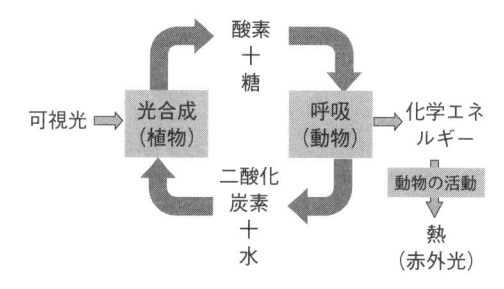

図 1.3　エネルギーの流れの中の物質の循環
可視光による光合成が，地球生態系における物質の循環の駆動力となっている。

## (4) 情報の複製系，エネルギーの動的平衡系としての生命

　生命は子孫を残すことによって存続する。子孫とは自己の（場合によっては不完全な）コピーであり，それゆえに自己複製能は生物の定義の一つとされる。生物は，自己複製のために，設計図をまずコピーして，その設計図に基づいてもう一つ同じ生物を作り出す。すなわち，生命を形作る情報を

DNAという一種の設計図に集約し，そのDNAを複製することによってまず必要な情報を複製してから実際の生物体を作っているわけである。

　生物の体がDNAを複製し，DNAが生物の体の設計図となるわけであるから，生物体とDNAの関係は，ニワトリと卵の関係であり，また物質と情報の関係でもある。通常は，ニワトリは卵を使って次世代のニワトリを作ると考えるが，本来ニワトリと卵には優先順位はないから，卵がニワトリを使って次世代の卵を作っていると考えることもできる。

　リチャード・ドーキンスが一般向けに解説したことにより広く知られるようになった利己的遺伝子の考え方は，同様に，遺伝子が生物体を使って自己を複製しているというものの見方から進化を論じたものである。ニワトリが先か卵が先かという議論に意味があるかどうかはさておいて，生命の自己複製には，物質の複製という側面のほかに，情報の複製という側面が存在することは重要である。

　一方で，この複製には，物質の複製であれ情報の複製であれエネルギーを必要とする。生命が外界から自由エネルギーを取り入れ，熱として排出するというエネルギーの動的平衡のもとで生命活動が維持されているというシュレーディンガーの考え方は，タンパク質やDNAの合成や複製だけでなく，分解や品質管理のメカニズムの解明が進んできた近年になって，細胞生物学や分子生物学においても注目されるようになってきた。タンパク質が，単にタンパク質として存在し続けているわけではなく，合成と分解を繰り返しながら，その平衡の上に存在しているというタンパク質レベルでの動的平衡から始まり，細胞レベル，個体レベル，そして生態系全体のレベルに至るまで，生命は物質とエネルギー，情報（これらは全て物理学的には等価といってよい）の動的平衡の上に成り立っていることは，生命のあり方を考える上で不可欠の概念である。

## 1.2 生命の進化とエネルギー

### (1) 生物のエネルギー獲得様式の変化

　生物が生き続け，体の中の秩序を保つためには，エネルギーの供給が必須である。何らかの運動や生長をするためにエネルギーを必要とするのはもちろん，ただじっとしている間にも細胞の中では代謝が起こっており，そのためのエネルギーを必要とする。

　人間を含む多くの動物は，従属栄養生物として，必要なエネルギーを他の生物を構成する有機物の酸素による酸化，すなわち好気呼吸によってまかなっている。これに対して光合成生物は，独立栄養生物として光のエネルギーを利用することができる。この光エネルギー変換のメカニズムが**光合成**である。独立栄養生物には光合成生物のほかに化学合成生物がある。独立栄養化学合成生物においては，無機物の間の酸化還元反応から生育に必要なエネルギーを取り出すことができるが，次節で述べるように，光合成生物のように幅広い環境において生きていくことはできない。

### (2) 生物の存在量

　化学合成生物は，酸化還元電位（酸化あるいは還元しやすさを数値として表わしたもの）の異なる複数の物質の間の反応からエネルギーを取り出すことができる。たとえば，硫化水素などの還元性物質は，硫酸還元菌が有機物を利用して硫酸を還元するといった生物作用によって供給される場合もあれば，深海の熱水噴出孔における場合のように地殻内部から供給される場合もある。後者のように，非生物的な還元物質の供給が起こる場所は地球上の特定の場所でしか起こらないため，純粋に独立栄養化学合成に依存した生物の存在量は，光合成生物に比べて無視できる量にとどまるだろうと予想できる。

　一方で，光合成生物のエネルギー源である光は，太陽から地球の全表面に降り注ぐ。東京での真夏の直射日光のエネルギーは，光合成に利用できる波長範囲のみでも $500\,\mathrm{W/m^2}$ に達し，極域も含めて地球表面で光エネルギーを

全く利用できない地域は存在しない。この光エネルギーのうち，自然条件において光合成により有機物の固定に使われる割合は，0.1%から1%にすぎず，理論上の効率を大きく下回る。しかし，地球全体に降り注ぐ太陽光のエネルギー総量が$10^{17}$ Wのオーダーであることから，太陽光を利用できる光合成生物と，その光合成生物に依存した従属栄養生物をふくむ全生物が地球のバイオマス（生物現存量）のほとんどを占めるのも驚くにはあたらない。

では，光合成生物のバイオマスと動物のバイオマスの割合はどのぐらいであろうか。いわゆる生態系のピラミッドを考えた場合，消費段階を上がるにつれてバイオマスは急激に減少する。ある段階の生産者もしくは消費者と，次の段階の消費者の生産力の比をLindeman比とよび，これは大ざっぱにいって1割程度になることが多い。つまり，消費段階を1段上がるごとに9割のエネルギーが失われることになり，これがピラミッドの各段が上に行くほど小さくなる原因である。陸上の生態系では，樹木が大量の有機物を，エネルギーとして利用するのが難しいセルロースとして蓄積することもあり，動物のバイオマスは，光合成生物のバイオマスの0.01%以下であると見積もられている。

### (3) 地球最初の生命はどのようにエネルギーを獲得したか

現在，地球上では従属栄養生物，光合成生物，独立栄養化学合成生物といったエネルギー獲得様式が見られるが，地球で最初の生命がどのようにエネルギーを得ていたかは興味深い問題である。光合成生物の電子伝達系において働くタンパク質の多くは，呼吸などに働く電子伝達系のタンパク質と相同性があるが，タンパク質のアミノ酸配列をゲノム情報などにより比較すると，光合成生物の電子伝達の起源は呼吸などの電子伝達よりも起源が新しいと考えらている。このことは，酸素呼吸には，光合成によって生じた酸素の存在が必要であることと矛盾するように感じられるが，電子伝達自体は，酸素呼吸以外の呼吸においてもみられることを考えると，光合成の起源よりも呼吸の方が古いと考えても問題はない。

残る従属栄養生物と独立化学合成生物のうち，どちらがより起源的に古い

かについては確定的な証拠はない。解糖系や発酵における基質レベルのリン酸化によるATP合成は，電子伝達を用いた酸化的リン酸化によるATP合成よりも，膜構造を必要としないなどといった点で単純である。この点は，従属栄養生物の方が起源的に古いことを支持するのかもしれない。一方，有機物をエネルギー源として消費してしまうことは，量的に限られたはずの非生物起源の有機物を，生物の構成成分として有効活用するうえでは不利であったと考えられる。深海の熱水噴出孔などにおいて，無機物のエネルギーが継続的に供給される環境下において，独立化学合成生物が最初に進化したという可能性も否定できないと考えられる。

いずれにせよ，上述のように，従属栄養生物と独立化学合成生物だけでは現在見られるような生物の繁栄はあり得ず，光合成のシステムが完成されて初めて地球上を生物が覆うようになったと考えられる。

（園池）

## 1.3　エネルギー吸収と固定に働く光合成生物

### (1) 地球におけるエネルギー収支と光合成生物

地球という開放系に，外部から入ってくるエネルギーと外部に出て行くエネルギーは，ほぼ等価であるとされている。地球系に入ってくるエネルギーのほぼ全ては，太陽からの光エネルギーであり，出ていくエネルギーの大半は熱輻射である。地球に固定されるエネルギー量というのは，極めて少ない。そして，このうち光合成生物が地球に固定できるエネルギーは，地球が太陽から受ける全光エネルギーの約0.1～1%と推定されている。

前項で述べたように，初期の生命がどのように産まれたかはまだわかっているわけではないが，現在最もそれらしいとされている深海中の熱水噴出孔周辺の化学合成細菌やそれに伴う従属栄養型の細菌が生命の祖先型としたとき，光合成の出現は，エネルギーの源を，もともと地球を構成していた物質の酸化還元エネルギーから太陽の光エネルギーに切り替えるという大変換が起こったものと考えてよい。これは，初期に存在した有機物を利用していた

従属栄養型の生命から光合成を行える生命が産まれたとしても本質的には同じことである。そして，地球の外部からやってくるエネルギーを利用することができることで，無限のエネルギー源を手に入れたことを意味する。

　光合成の実際としては，水を還元物質として利用する酸素発生型の光合成の出現が，その後の地球と生命系に大きな影響を与えたことは間違いない。しかし，地球内部の物質の酸化還元エネルギーから，地球外から来る光エネルギーに，生命存在が頼るエネルギー源を変えられたことが，現在の生物の繁栄の最も重要な点であろう。ただし，地球系として考えたときに，光合成生物によるエネルギー吸収と固定が，地球全体におけるエネルギー収支を変えるようなものになることは環境の激変を招くことになるから，大きな制限がかかっていると考えられる。そしてそのことが，地球の生命系における最大限定要因になっていることも間違いない。光合成生物によって地球に固定されたエネルギーは，しばらくの間物質として地球生命系の中に存続し，いずれまた熱として宇宙へと帰っていくことになる。

### (2) 光合成生物が固定する元素

　エネルギーの実体として，生物体を形作る元素は，本来地球の中にあったものである。光合成によって固定される炭素，水素，酸素，さらに窒素，リン，イオウやその他の生命を形作る元素のほとんどは，光合成生物が地球から生命圏の中に取り込むことによって，生命系の中を流れていく（図1.4）。従属栄養生物も，水や栄養素として，これらの元素の一部を直接的に生命系の中に取り込むこともできるが，実際には有機化合物とともに取り入れているものが大半といってよい。

　このように，地球の生命系に必須のエネルギーとその実体化に働く光合成生物は，実際にはどのようなプログラムのもとに形づくられているのであろうか。ここで，光合成生物を形成する情報系のありようについて概観してみたい。

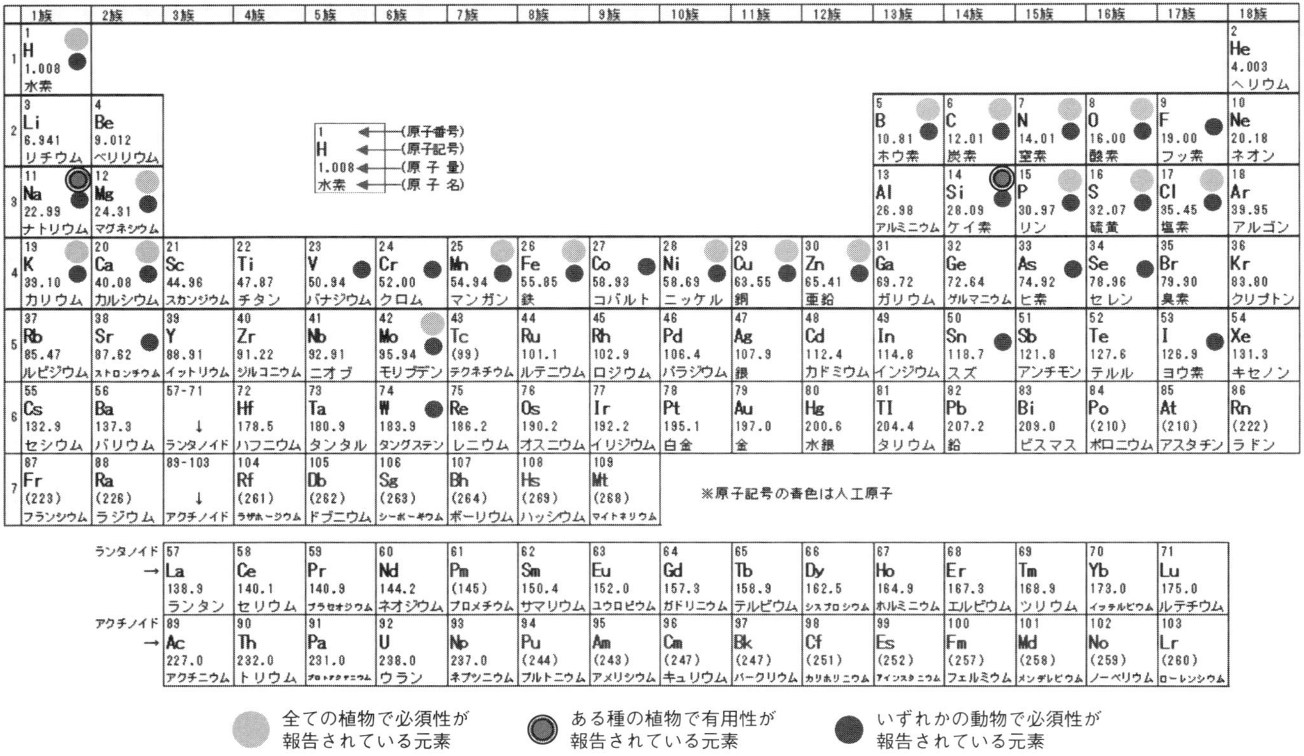

1.3 エネルギー吸収と固定に働く光合成生物

図 1.4 生命を形作る元素（周期律表 (http://www.arealink.org/cell/atom.html) を改変）。（口絵参照）

## 1.4 環境に応答するゲノム，動物とは何が違うのか
### (1) 複合共生系としての真核光合成生物の細胞

　光合成生物に固有のゲノムは，シアノバクテリアで明らかになっている。ここには，光合成に必要な情報のほとんどが記されている。その他の代謝，成長，分裂，生殖活動といったいわゆる生物的な事象については，光合成生物に固有のものはないといっても大きな間違いではないであろう。

　真核光合成生物が，いわゆる動物系の真核従属栄養生物と大きく異なる点は，動物細胞における核とミトコンドリアという二つのゲノム系に対して，核，ミトコンドリア，葉緑体という三つ，場合によってはそれ以上のゲノムの合同体という点である。さらに，葉緑体の独立性は，葉緑体ゲノムに残っている遺伝子を見る限り，ミトコンドリアに比べてまだはるかに高い。したがって，核ゲノムだけなら，真核光合成生物と真核従属栄養生物の間に際立った差はないように見える。実際，真核光合成生物として初めて全貌が明らかになった被子植物のシロイヌナズナの核ゲノムにコードされる遺伝子を機能別に分類してみると，ヒトとよく似ている（図1.5）。

### (2) 植物のゲノム構成

　核，ミトコンドリア，葉緑体という三つのゲノムのせめぎあいの中で構成されてきた真核光合成生物のゲノムに特徴はないのであろうか。シロイヌナズナを見る限り，遺伝子数はヒトより若干多い程度である。一方，遺伝子の機能分類を見てみると，代謝関連の働きをする遺伝子が，動物よりもはるかに多く，逆に細胞間情報伝達に関わる遺伝子の数がかなり少なくなっている。これは，真核光合成生物が二次代謝や光合成関係の代謝のための遺伝子を多数もっていることと，個体の統合がヒトよりも分散的になっているため，細胞間の調節を担う神経系や内分泌系のシステムをもたないことによるのであろう。

　一方，遺伝子の発現制御にかかわる転写因子やその制御因子と考えられるものの数は，動物以上といってもよい。これらは，移動しない代わりに環境

1.5 進化のベクトル　　　　　　　　　　　　　　　　　　　　　　　13

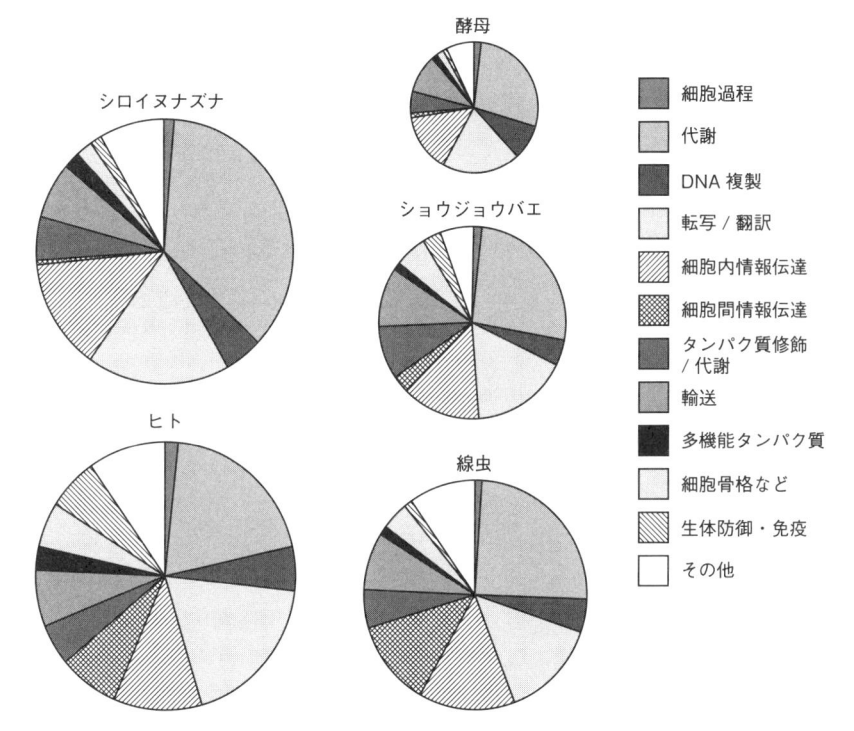

**図 1.5　真核生物のゲノム比較**
機能の推定されたタンパク質をコードしている遺伝子の割合を比較したもの。円グラフの 12 時の所から右周りに多機能遺伝子の割合が示されている。円の面積は遺伝子総数に比例している。Nature 409：860-921 のデータを元に，http://www.bio.kyutech.ac.jp/~sakamoto/cover03.htm を参照して作成

に応じて，さまざまにプログラムを変更するという，植物らしい性質が反映されているものといってもよいかもしれない（図 1.5）。

## 1.5　進化のベクトル

### (1) 光合成生物の繁栄を規定する要因は何か

　藻類としての光合成生物は，水中から陸上に上がることにより陸上で光合成を行う生物（陸上植物）となり，さらに種子を発明することで，長期にわたって生育を停止することもできるようになり，時間を乗り越えることも可

能となった。現在，地球上で水と温度が許す限りの場所に光合成生物は生育できるように見える。

地球上の陸上植物分布の制限要因は，水分と温度である。光合成生物に取っての必須要因である「光」と「二酸化炭素（$CO_2$）」は，今のところ，陸上には無限に存在するといっても言い過ぎではないであろう。もちろん陸上植物が必要とするさまざまな要因を確保するため，それぞれに極めて精緻な分子機構が用意されているが，陸上における植物分布を決めているのは，「水」と「温度」である。

植物は陸上化することで，「光」と「$CO_2$」という限定要因から開放されたが，代わりに，「水」と「温度」という環境要因に強く支配されるようになった。今後，植物自身が陸上化の際と同じように，この要因を乗り越えるように進化できるかどうかはわからない。しかし，遺伝子組み換え技術の発展により，陸上植物のさまざまな機能をより強化する形の新しい人為的植物が作成されている。その中には，水分環境や温度環境により広い範囲で適応できる植物も存在する。これらは，比較的少数（あるいは一つ）の遺伝子を過剰発現させたり，入れ替えたりすることで劇的な変化をもたらすことができるものも多い。

人間が目指す形質転換体の性質は，ごく表面的に考える限り，対象植物にとっても生育に有利な性質となっているように見えるが，これまでそられの植物はそのような進化の形を取らなかった。これは，今の陸上植物がまだその方向の遺伝子変異をもたなかったため，環境に適応する余地が残っていると考えるのか，全体としてのバランスやトレードオフの関係で，そのような変異が入る余地がなかったのかは今後の課題である。

**(2) 地球環境の変化と光合成生物，人類**

陸上植物を意図的に利用する農業が始まった数万年前から，人類は地球環境を劇的に変えている。それらは，乾燥地の拡大，塩害，重金属汚染のような，人間自身にも悪影響を及ぼすものもあれば，空中窒素固定の工業化や，石炭や石油といった過去の光合成産物を利用したエネルギー産生や化学製品

の発達など，人類の繁栄に大きな貢献をしたものも多い。

　現在，このような科学技術の発達の中で，$CO_2$濃度の上昇とそれに伴う地球温暖化や，地球生命の多様性の低下が強く懸念されている。人類が作りだす環境変化が，これまでの地球環境変化とは大きく異なる以上，光合成生物の進化のベクトルも，これまでとは違った方向を取るようになるのであろうか。

　光合成生物の進化のベクトルが，人類の繁栄にもより良い方向に向かっていくのか，あるいは人類には不適切な進化の形を取るのか，はたまた地球上からは，残念ながら生命が消失してしまうのかは，今の我々には全くわからない。しかし，地球に太陽エネルギーを固定してくれる光合成生物のこれまでの進化のありようを概観することで，できれば，人類もその中で共存してやっていく方法を考えようというのが，本書の大きな目的である。

（三村）

## ＜参考文献＞

「生命とはなにか」シュレジンガー著，岩波文庫（青946-1），2008
「利己的な遺伝子」ドーキンス著，紀伊國屋書店，2006
「植物の進化」清水健太郎・長谷部光泰監修，秀潤社，2007
「生命と地球の歴史」丸山茂徳・磯崎行雄著，岩波新書，1998
「進化し続ける植物たち（植物まるかじり叢書4）」葛西奈津子・日本植物生理学会著，化学同人，2008

# 2章 光合成の本質を探る

　2章では，植物（光合成生物）を植物たらしめている光合成の反応について，それがどのようにして生まれ，どのようなメカニズムをもつようになったのかについてみていく。光合成生物の進化を考える上で，最も重要な機能としての光合成は，どのような分子メカニズムから成り立っているのだろうか。

## 2.1　光合成はどのように生まれたか

　光合成の詳しいメカニズムについては，次節以降で詳しく説明するが，光合成がどのようなものであるか，というだけだったら，誰でも知っているだろう。**光合成**とは，中学で習うように，光のエネルギーを利用して，空気中の $CO_2$ と水から有機物をつくり出す反応である。実際にはこの反応はいくつかの段階に分かれていて，光を吸収する色素，光のエネルギーを電子の流れに変える電荷分離，電子の流れを化学エネルギーに変える電子伝達と ATP 合成，そして，ATP を使って $CO_2$ を有機物に固定するカルビン・ベンソン回路の酵素などが共同して光合成を形作っている（図2.1）。

　ところが，この光合成の諸反応のうち，最後のカルビン・ベンソン回路は，光合成をしない化学合成細菌でも全く同じものをもっているものがある。化学合成細菌では，無機物のエネルギーを用いて ATP を合成するが，カルビン・ベンソン回路は，$CO_2$ を還元する還元力と ATP さえ供給されれば働くものであり，別に光合成に特有の反応ではないのである。さらに，電

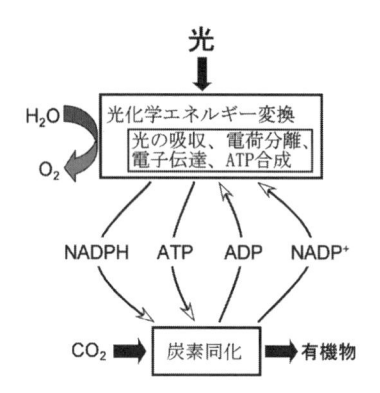

**図 2.1 光合成の概略**
光のエネルギーによる光化学エネルギー変換が ATP と NADPH を生み出し、これが二酸化炭素から有機物を生成する炭素同化過程に使われる。

子伝達と ATP 合成の部分は，ヒトを含む動物や細菌の行なう好気呼吸でもよく似たメカニズムの反応が見られ，これも光合成特有の反応であるとは言い難い。すなわち，一般的に光合成とよばれる反応の中で，本当に光合成に特有の反応は，色素による光の吸収と，その直後の光化学反応だけ，ということになる。

では，光合成の反応はどのように生まれたのだろうか。光合成のためには光のエネルギーの吸収が必須であり，そのためには光を吸収する色素が必要となる。光合成生物では，主に**クロロフィル**（**葉緑素**）がその役割を果たしており，より原始的な光合成細菌では，**バクテリオクロロフィル**という少し構造の異なった色素が用いられている。おそらく，地球に生まれた最初の光合成生物は，バクテリオクロロフィルか，それに似た色素を獲得したのだろう。

興味深いことに，光の全く届かない深海底の熱水噴出孔の近くで，バクテリオクロロフィルをもった光合成細菌に似た生物が見つかっている。光のない環境で色素が何をしているのか，確実なところはわからないが，一つの解釈として温度センサーとしてのはたらきがあげられる。クロロフィルが目に見える可視光を中心に吸収するのに対して，バクテリオクロロフィルは，より長波長の，赤外線の領域の光も吸収することができる。熱水噴出孔のよう

に数百度の温度をもつ物体は，赤外線を放出するから，理論的にはバクテリオクロロフィルを用いて，赤外線をモニターすることによって，温度を「感じる」ことができる。すなわち，バクテリオクロロフィルは深海での温度センサーとして最初に出現し，その後に光合成に転用された，という可能性も考えられる。

　では，光のエネルギーを電気化学的エネルギーに変換する光化学系の起源はどのように考えられるだろうか。現在見られる光化学系は，原始的な光合成細菌のものであっても極めて精巧・複雑であり，これがどのようにして最初に出現したかを想像するのは極めて困難である。光化学系の起源を論じるのは現時点では難しいが，将来，熱水噴出孔や，その他の極限環境に，現在の光合成細菌のさらに起源となる生物が発見されることを期待したい。

## 2.2　光エネルギーの化学エネルギーへの変換装置の実態

　ここで，光合成生物が実際に光エネルギーを変換するメカニズムを見ていきたい。光合成生物が，光エネルギーを生物が利用できる形の化学エネルギーに変換するためには，

1) まず光合成色素により光を吸収し，
2) その光エネルギーを利用して光合成反応中心複合体と呼ばれるタンパク質複合体において光化学反応を引き起こし，
3) その光化学反応とその他の化学反応を組み合わせて一連の酸化還元反応（電子伝達反応）により光合成膜を隔ててプロトン（水素イオン）の濃度勾配を作り，
4) その濃度勾配を利用してATPを合成する，

という一連の過程が必要である。

### (1) 反応中心と電荷分離の反応

　光化学反応を引き起こす反応中心は，数多くのタンパク質と，そこに結合した酸化還元反応を担う成分からなる複合体として存在する。**反応中心クロ**

ロフィルとよばれる特別なクロロフィルに光のエネルギーがわたると，光化学反応が引き起こされる。反応中心クロロフィルからは電子が放出され，その電子は複合体中の電子受容体にわたる。マイナスの電荷をもつ電子が放出された反応中心クロロフィルは酸化されてプラスの電荷をもち，電子を受け取った電子受容体は還元されてマイナスの電荷をもつ。この電荷分離とよばれる反応により，光のエネルギーが電気化学的なエネルギーに変換されたことになる。

　葉緑体やシアノバクテリアは，この反応中心複合体を二種類もち，それぞれ**光化学系Ⅰ**，**光化学系Ⅱ**とよばれる。一方，光合成細菌においては，同じ原核光合成生物であるシアノバクテリアとは異なり，光化学系Ⅰの特徴をもつ反応中心（ここではⅠ型反応中心とする）をもつ緑色硫黄細菌などと，光化学系Ⅱの特徴をもつ反応中心（ここではⅡ型反応中心とする）をもつ紅色細菌が見られ，この二種類の光合成細菌が，いわば合体することにより二つの光化学系をもつ光合成生物が誕生したと考えられる。しかしながら，どのような過程でそのような進化が起こったのかは，今は全く不明である。

## (2) 光合成色素

　光合成の反応中心複合体は，多くのタンパク質とそこに結合したさまざまな分子からなる極めて複雑な超分子複合体である。この反応中心が働くためには，反応中心クロロフィルに光エネルギーが渡される必要がある。反応中心クロロフィル自体も光を吸収してエネルギーを得ることができるが，1個の分子が光をうける面積は限られるので，光が強い場合ですら単独のクロロフィル分子が光を吸収する確率は必ずしも高くない。反応中心クロロフィル自体が光を吸収しない限り反応が起こらない場合には，反応中心複合体はほとんどの時間遊んでいることになるだろう。そのような状況を避けるため，実際には，反応中心クロロフィルの周りには，**アンテナ色素**（集光性色素）と呼ばれる光を集める役割に特化した光合成色素が数十分子から数百分子配置され，吸収した光エネルギーを反応中心クロロフィルに渡す役割を果たしている（図2.2）。これにより，光合成の反応中心複合体は光が強い条件のも

## 2.2 光エネルギーの化学エネルギーへの変換装置の実態

光化学系Ⅰのアンテナ
クロロフィルと反応中心
クロロフィル（円内）

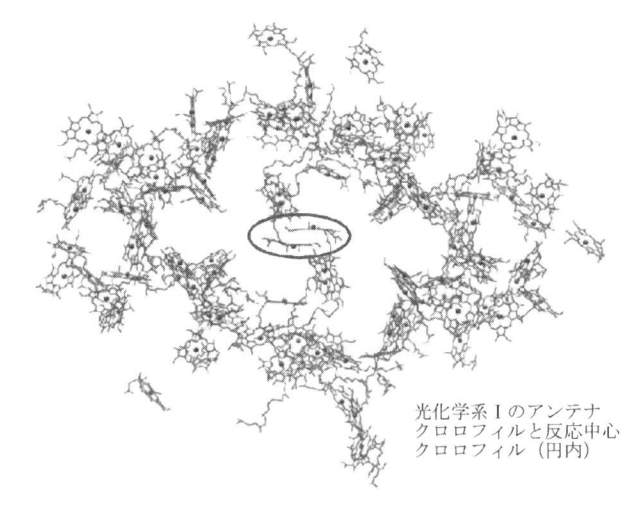

**図 2.2 光化学系Ⅰのクロロフィル（口絵参照）**
光化学系Ⅰ反応中心複合体の中のクロロフィルの配置。中心に楕円形
で囲った二分子のクロロフィルが反応中心を構成している。

とではほぼ休みなしに働くことができる。

　光合成を営むすべての生物において，反応中心の種類としては，Ⅰ型，Ⅱ型の二種類しかないのに対して，光を集めるアンテナ色素と，そのアンテナ色素がタンパク質に結合して作る集光装置は，生物の種類によって極めて多様である。陸上植物ではそれほどの多様性はないが，水中の光合成生物においては，さまざまな光合成色素が用いられ，結果として生物種によって見た目の色がまったく異なる。このことは，藻類の分類群の名称に，緑藻，紅藻，褐藻などといった色の名前が入ったものが多いことに反映されている。

　特に水中の光合成生物に多様なアンテナが発達した理由は，水圏における光環境の特質にあると考えられる。純粋な物質としての水は，可視光に対して高い透過性をもつが，現実の環境においては，水面における反射，溶解する物質や水中で生育する生物（多くの場合微生物）による吸収，そして浮遊する微粒子による散乱により，水中の光強度は水深に応じて急激に減少する。このような光が弱い環境においては，光をどれだけ吸収できるかが光合成の速度を決めることになり，アンテナ色素の特性が重要となる。

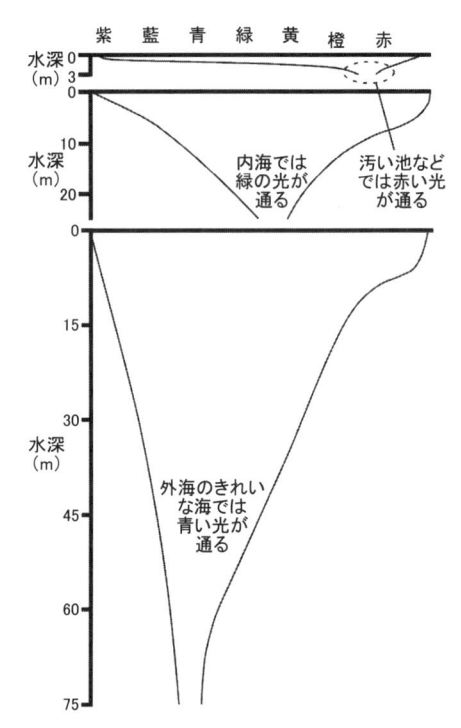

図 2.3 水深と透過する光の色の関係
上の図は汚い池などの場合，中の図は内海の場合，下の図は外海の場合。
Levine and Macnichol (1982) Scientific American を参考に作成。

さらに，水中では，透過する光の色にも多様性がある。きれいな海水の透過率は青緑色光に対して高いので，外洋の水中は，青い世界である。一方，同じ海水でもプランクトンが多い内海では，植物プランクトンが赤い光と青い光を吸収するため，緑色の世界となる。さらには，浮遊する微粒子が極めて多い汚れた池などでは，緑から青にかけての光が散乱されるため，中は赤に近い世界となる（図 2.3）。当然のことながら，その場所の光環境に多い色の光を吸収できる光合成色素をもった生物はそうでない生物よりも有利になる。これが，水中の生物が多様な光合成色素をもつ理由と考えることができる。

光合成の色素としては，緑色のクロロフィルと，黄色から橙色のカロテノ

イドが広い植物種に存在しており，このほか，紅藻やシアノバクテリアには青から紫色あるいは桃色に見える**フィコビリン**という色素が存在する．多くの陸上植物の葉は緑色にみえるが，これはクロロフィルの量が占める割合が高いためで，植物によっては秋になってクロロフィルが分解されると，より分解されづらいカロテノイドの色が目立つようになり黄葉する．葉が赤くなる紅葉は，これとは異なり，クロロフィルの分解とともに，**アントシアン**とよばれる赤い色素（これは光合成色素ではなく，光合成の反応には関与しない）が新たに合成されることによって引き起こされる．

　藻類では，光合成色素にクロロフィルが占める割合が陸上植物よりも低いため，色素を一部分解することにより，色の変化を観察することができる．たとえば，市販の海苔の原料は紅藻であり，緑色の（つまり緑色の光をあまり吸収しない）クロロフィルと，緑色の光を吸収するフィコビリンを両方もつため，ほぼすべての色の光が吸収されて黒く見える．この海苔を軽く火であぶってやると，色が緑色に変わるのが観察できる．これは，フィコビリンの方が熱に弱いため先に壊れることにより，残ったクロロフィルの緑色が見えるようになるのである．同じようなことは，褐藻でも見ることができる．三陸などでとれるマツモは，生の状態では褐色に見えるが，熱いお吸い物にはなすと鮮やかな緑色に変化する．褐藻の場合は，フコキサンチンというカロテノイドの一種を大量に含み，これが緑色の光を吸収して褐色に見えていたのが，やはり熱で壊れることによって，残ったクロロフィルの緑色が目立つようになるのである．

## (3) 電子伝達と ATP 合成

　光合成の二つの光化学系は直列に働いて，一連の酸化還元反応（電子伝達反応）を行なう．この電子伝達反応の出発点は前述したとおり水であり，終着点は NADPH という生体内で還元剤として用いられる物質である．電子伝達の一つの目的は，この NADPH という還元剤を作ることである．水は水素が酸化された物質であるから，そのような酸化的な物質から NADPH のような還元剤を作る反応は自然には進行しえない．そこで，その自然には

進行しえない反応を進行させるために,光のエネルギーを投入することになる。

水という酸化的な物質から還元力を作るためには,二段階のエネルギー投入が必要であり,光化学系I,光化学系IIと,その間で働くシトクロム $b_6/f$ 複合体という三つの複合体がチラコイド膜という光合成膜上に埋め込まれた形で働いている。具体的には,光化学系IIにより水が分解されて酸素が発生し,その際に引き抜かれた電子がチラコイド膜上に溶けたプラストキノンという物質を経てシトクロム $b_6/f$ 複合体に渡される。電子はさらに,チラコイド膜内腔のプラストシアニンを経て光化学系Iにわたる。その後電子は,ストロマと呼ばれるチラコイド膜の外側の部分でフェレドキシンを経てNADPHの生成（$NADP^+$ の還元）に使われる。電子伝達の結果,最終的に生成されるのは還元剤であるNADPHと酸化剤である酸素であり,光のエネルギーの一部は,酸化還元の化学的エネルギーに変換されたことになる（図2.4）。

光合成の電子伝達に伴ってATPも合成される。電子伝達が起こると,そ

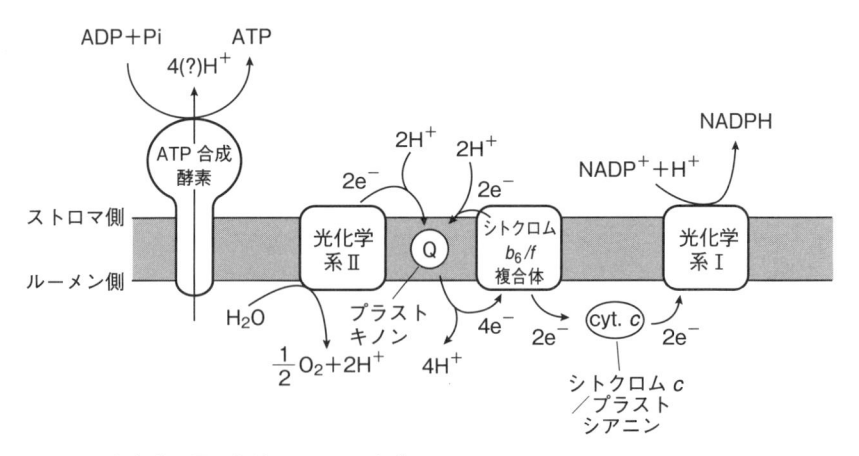

**図2.4 光合成の電子伝達とATPの合成**
光合成の電子伝達においては,電子は光化学系IIにおける水の分解から始まり,プラストキノン,シトクロム $b_6/f$ 複合体,プラストシアニン,光化学系Iを経て,NADPが作られる。この電子伝達と共役して水素イオン（プロトン）が膜の内側に輸送され,このプロトンがATP合成酵素を通って膜の外側に戻る際にATPが合成される。

れに伴ってプロトン（水素イオン＝陽子）がチラコイド膜内腔（ルーメン側）に輸送される。これにより，チラコイド膜内外にプロトンの濃度勾配ができ，これを利用してADPと無機リン酸からATPを合成する。ATPの合成にかかわるのはチラコイド膜上のATP合成酵素であり，この合成酵素をプロトンがチラコイド膜の内腔側から外側へ通過する際にATPが合成される。この部分の機構，すなわち電子伝達がプロトンの濃度勾配を作り，それがATP合成酵素を駆動するというメカニズムは，呼吸における電子伝達とほぼ同一である。このようなメカニズムを化学浸透共役とよぶ。呼吸系においては，化学浸透共役によりエネルギー物質としてATPを得るが，その際には還元剤であるNADHが消費される。一方，光合成系の場合は，エネルギー物質であるATPが合成されるだけではなく，還元剤であるNADPHも合成される点が特徴的である。

### (4) 光エネルギーの利用と光阻害

　光は物質ではないものの，反応の進行に必要な要因として光合成の基質といってもよい位置を占める。そのため，光の強さを変えたときの光合成の速度は，基質の濃度を変えたときの酵素の反応速度の場合とよく似た変化を示す。すなわち，光が弱いときには，光合成速度は光の量に比例して増加し，光が強くなるにつれて徐々に頭打ちになっていく飽和型のカーブを描く。色素が光を吸収する量自体は，照射される光にほぼ比例するので，このような飽和カーブを描くのは，光が吸収されづらくなるためではなく，吸収された光あたりの光合成の効率が落ちるためである。

　光合成の電子伝達の速度の中で一番遅いのは，チラコイド膜の中のプラストキノンがシトクロム $b_6/f$ 複合体に電子を渡す部分である。このプラストキノンの酸化は光化学反応ではなく，化学反応なので，その速度は光の量にはよらない。光が弱いうちには光化学反応中心における光化学反応の速度は遅いので，光化学系IIによってプラストキノンが還元されても，すぐにシトクロム $b_6/f$ 複合体によって再酸化され，電子の流れる速度は光の量によって決まる光化学系の電子伝達速度と同じになる。これが，光が弱いときに光

合成速度が光の量に比例する理由である。一方，光が強くなって光化学反応の速度がシトクロム $b_6/f$ 複合体におけるプラストキノンの再酸化速度に近くなると，プラストキノンのうちで還元されているものの割合が増加し，それに従って光化学系IIの電子受容体も還元されていくので，光があたっても電荷分離が進行しなくなる。これが，光が強い条件で光合成の効率が落ちる理由の一つである。

　光がさらに強くなると，あるいは，光が強い状態が長く続くと，単に光合成の効率が低下するばかりでなく，光合成の速度自体が低下することがある。つまり，たんに速度が飽和するだけでなく，強すぎる光によって光合成が逆に阻害されることになる。このような阻害を**光阻害**と呼ぶ。

　では，どのようなときに光は「強すぎる」のだろうか。陸上植物の生育光環境は，植物種によって，明るい所に生育するもの，暗い所に生育するものなど，さまざまである。一般的に，温度などの，光以外の環境が最適であれば，生育環境の光の強さで光阻害が引き起こされることはない。しかし，暗い林の中に育った個体が，急に周りの木が切り払われて直射日光にさらされたような場合は，光阻害を受けることは十分に考えられる。同じようなことは室内で育てた鉢植えを急に外に持ち出す場合にも起こりうるので，そのような場合には，最初のうちは遮光をして光を弱め，徐々に馴らしていく手順が必要となる。

　一方，光以外の環境条件が光阻害の引き金となることもあり得る。これは低温環境などでみられるケースが典型的である。光によって駆動される光化学反応においては，反応の速度は温度によってあまり変化しない。これは，光の吸収と，それに引き続いて起こる光化学反応中心複合体の中での電子伝達反応が，物理的な反応であることを反映している。一方で，前に述べたシトクロム $b_6/f$ 複合体によるプラストキノンの再酸化などは，化学反応であり，温度が低くなるとその速度は遅くなる。したがって，通常の生育温度において，光による光化学反応と，光によらない化学反応の速度が釣り合っていたとしても，温度が低下すれば化学反応の速度は低下する一方，光化学反応の速度はあまり変わらないので，光エネルギーが余る状態が引き起こされ

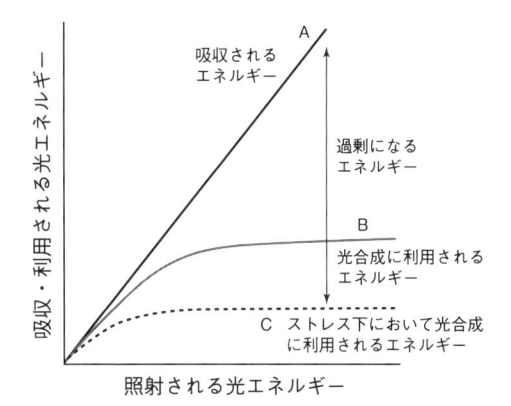

**図 2.5　照射される光エネルギーと吸収あるいは利用されるエネルギーの関係**
吸収されるエネルギー量は照射されるエネルギー量に比例するが (A)，光合成により利用できるエネルギー量は照射されるエネルギー量が大きくなると飽和する (B)。その飽和のレベルは，ストレスなどによって低下し (C)，結果として過剰になるエネルギー量は増加する。

る (図 2.5)。

　つまり，より強い光にさらされる条件と，より低い温度にさらされる条件は，光化学反応と化学反応のバランスという面からみると同じことを引き起こすことになる。このバランスは，光エネルギーの流入と利用のバランスとして考えることができる。乾燥にさらされて気孔を閉じた植物は，光合成の基質である $CO_2$ を取り込めなくなるため，光エネルギーの利用が低下し，光阻害を受けやすくなるだろう。

　このように，光条件は同じであっても，光エネルギーの利用が妨げられるような環境条件，すなわちストレス条件においては，光合成生物は光阻害を受ける可能性が生じる。そして現実の自然環境条件下においては，植物がストレスを全く受けずに生育できることはまれであるといっても過言ではない。その意味では，陸上植物は常に「強すぎる」光による光阻害の脅威にさらされているといってよいだろう。

## (5) ストレス条件における活性酸素の生成，消去

　光合成の進行が順調に進まないストレス条件におかれた植物で，その生理

活性が不可逆的に低下する原因として一般的に考えられるのは，活性酸素の生成である．**活性酸素**とは，酸素が還元されて生じるスーパーオキシドラジカル（$O_2^-$），過酸化水素（$H_2O_2$），ヒドロキシラジカル（$^\cdot OH^-$）や，通常の酸素とは電子状態の異なる一重項酸素（$^1O_2$）など，反応性の比較的高い酸素関連分子種をいう．植物の光合成においては，電子伝達反応，すなわち酸化還元反応が常に起こっており，しかも，特に光化学系Ⅰは還元剤として生体内で用いられるNADPHを供給する役割をもっているため，酸化還元電位が低い．光化学系Ⅰは酸素を直接還元することができるため，葉緑体は，活性酸素の主要な発生源である．前述のように，光エネルギーを利用する系，すなわちNADPHを消費する炭素同化系の活性などがストレス条件によって抑えられている場合には，余った還元力が酸素の還元を引き起こす可能性がある．

　酸素は光化学系Ⅰにより還元されスーパーオキシドラジカルとなるが，葉緑体内ではこれを安全に消去するシステムが働いている．スーパーオキシドラジカルは不均化反応とよばれる反応（SODすなわちスーパーオキシドディスムターゼが触媒するが，自発的にも進行する）により過酸化水素と酸素になる．過酸化水素はAPXと略称されるアスコルビン酸ペルオキシダーゼにより水になることで消去される．このSODとAPXからなる活性酸素除去システムは，光化学系Ⅰの近傍に配置されている．また，光化学系Ⅱの反応中心やアンテナ色素においては，一重項酸素が生成する場合があり，これを消去するために$\beta$-カロテンが働いている．

## (6) 細胞へのエネルギー供給

　光合成生物は，光合成によりエネルギーを得るが，それぞれの細胞はミトコンドリアをもち，呼吸も行なっている．光合成をしながら呼吸もする理由は何だろうか．

　陸上植物ですぐに思いつくのは，地中にある根など，光合成をしない器官の存在だろう．光合成をしない根においては，光合成器官から非光合成器官へのエネルギーの輸送（これを**転流**という）に頼らざるを得ない．その際

に，ATPは，いわばエネルギー的に極めて「かさばる」物質であり，重さあたりのエネルギーは糖や脂質と比べるとわずかである。したがって，転流によりエネルギーを輸送するためには「かさばる」ATPではなく糖が使われるので，非光合成器官では，運ばれてきた糖のエネルギーをATPに変える呼吸の反応が不可欠となる。

また光合成器官であっても，夜の間，光がない状態では光合成はできない。生体内の代謝反応は夜の間でも休むわけにはいかず，常にエネルギーが供給され続けなければならない。夜の間に必要なエネルギーをすべて「かさばる」ATPの形でため込むことは不可能であり，通常は，よりコンパクトな糖の形でエネルギーを貯蔵する。したがって，実際にATPを細胞内で利用する際には，糖のエネルギーをATPに変換する呼吸の反応が必須になる。

では，昼間の光合成器官では葉緑体で作られたATPがそのまま細胞内で利用されるのだろうか。呼吸におけるATP合成の場所であるミトコンドリアの場合は，内膜にATPを輸送するシステムがあり，ミトコンドリア内部で合成したATPを細胞質に輸送することができる。ところが，葉緑体の場合は，内部で合成したATPのエネルギーは糖の形に変換され，主に糖の形で細胞質に取り出される。結局，光合成をしている葉においても，ミトコンドリアは必要なのである。

このような側面からみた場合，葉緑体はコンパクトな糖の形でエネルギーを供給するオルガネラ（細胞小器官）であるのに対して，ミトコンドリアはかさばるけれどもすぐに細胞で利用できるATPを供給するためのオルガネラであることがわかる。この差は，個体全体にエネルギーを供給するための光合成と，個々の細胞に個別にエネルギーを供給するための呼吸という，二つの代謝系の目的の違いを反映していると考えることができるだろう。

## (7) 電子伝達の出発点としての水

水は光合成反応の基質である。これをメカニズムの面からみると，既に述べたように電子伝達の出発点において水が分解され，酸素が発生することに対応している。その意味において，水は植物の生育に必須であるが，実際に

は光合成の基質としての水は，各細胞が必要とする水の，ほんの一部分でしかない。陸上植物は，光合成を盛んに行なっているときには，葉の中の水が1時間に5回入れ替わるぐらいに相当する水の量を気孔から蒸散によって失っている。つまり，葉の中の水の量は，1時間の蒸散量の1/5にすぎない。光合成の基質として分解される水の量はこれよりもさらに少なく，蒸散量の約1/250である。したがって，光合成の基質として水は確かに必要ではあるが，水が足りなくて基質不足になり，光合成ができないという状況は考えられない。そのような場合には，そもそも植物体から蒸散などによって水が失われ，萎れてしまって光合成どころではないだろう。

　一方で，光合成の基質として水が用いられるという事実は，全く別の面からの重要性をもっている。その重要性は，基質として水を用いない光合成をする生物，すなわち光合成細菌をみると明らかである。光合成細菌では，光エネルギーの取り込み口である光化学系を1つしかもたないため，葉緑体でみられる「水を分解して酸素を出す」という反応を行なえない。このため，光合成細菌では，よりエネルギーの投入が少なくて済む硫化水素や有機物が酸化還元反応の出発点として使われ，その結果，光合成細菌の生育場所は，そのような物質が存在する場所に限定される。

　これに対して，2つの光化学系をもつことにより水を利用できるようになったシアノバクテリアと真核光合成生物は，地球上のどこにでも普通に存在する光と水と$CO_2$と，いくつかの無機塩類が存在すれば生育できるようになった。このことによって初めて，藻類を含む光合成生物は現在のように地球表面のほぼ全域に生育するようになったのである。

　電子伝達の出発点として水を利用することは，地球環境にもう一つの大きな影響を与える。水の分解により発生する酸素は，いわば水から生物が必要とする還元力を引き抜いた残りかすであり，光合成生物には不要のものとして大気中に捨てられる。太古の地球の大気には，分子状の酸素はほとんど含まれなかったと考えられるが，酸素発生型の光合成の出現後，大気中の酸素濃度は徐々に上昇し，現在では大気の21％を占めるまでになった。このことは，生命の存在様式に複数の面からきわめて大きな影響を与えることに

## 2.3 $CO_2$ から有機炭素化合物を作る代謝過程の実態

なった．

　第一に，酸素は生物にとって一種の毒物であり，酸素を呼吸に利用する生物を含めて，高濃度の酸素は生物の生育に阻害的に働きうる．大気中の酸素濃度が上昇するにつれて，そのような酸素の害に対する防御機構を備えていない生物は絶滅の危機にさらされ，酸素濃度が低い環境に追いやられたと考えられる．

　第二に，酸素濃度の上昇により，酸素呼吸による効率的なエネルギー産生系をもつ生物が出現・繁栄するようになった．嫌気的な呼吸が，有機物のもつエネルギーを一部しか利用できないのに対して，酸素があれば，有機物を $CO_2$ まで完全酸化することが可能となり，同じ有機物から得られるエネルギーは飛躍的に増加する．このことは，特に真核生物，特に多細胞生物のように，大きく複雑な内部構造をもつ細胞からなり，物質の移動一つをとってもおそらくは原核生物よりも格段にエネルギー消費の大きい生物において，きわめて大きな利点となったはずである．大気中の酸素濃度の上昇は酸素呼吸の発達を促し，それがひいては真核生物・多細胞生物の発展をもたらしたと考えることができる．さらに，エネルギー効率の上昇は，移動能力の高い多細胞生物の出現にもつながったろう．

　第三に，酸素濃度の上昇は，大気上空におけるオゾン層の形成をもたらした．生物の遺伝情報を担う DNA は紫外領域に吸収をもち，太陽から地球に降り注ぐ紫外線によって傷害を受ける．酸素自身も短波長の紫外線を吸収するが，酸素から生じるオゾンは，より長波長領域の紫外線も吸収する．オゾン層の形成は，直接太陽からの輻射にさらされる地上でも生物が生育できるようになるという変化をもたらした．それまでは，紫外線が吸収される水中でのみ生育可能であった生物は，オゾン層のおかげで陸上に進出することができるようになった．生命の活動が地球の環境そのものさえも変え，それが再び生命の活動を変えるという地球と生命のスケールの大きな相互作用が，光合成による酸素発生をきっかけに引き起こされたわけである．

## 2.3 $CO_2$ から有機炭素化合物を作る代謝過程の実態
### (1) ルビスコという酵素

　光エネルギーを用いて作られた還元力 NADPH とエネルギー源として使われる ATP は，$CO_2$ から有機物を作るのに利用される。

　植物において，$CO_2$ を直接有機化合物に変換する酵素が**ルビスコ**とよばれる酵素である。ルビスコ（Rubisco）は正式名称がリブロース-1,5-ビスリン酸カルボキシラーゼ/オキシゲナーゼ（ribulose-1,5-bisphosphate carboxylase/oxygenase）という名前で，あまりに長いので，アメリカの食品会社（ナビスコ）の名前をもじって略称が作られた。RuBP と略称されるリブロース-1,5-ビスリン酸（ribulose-1,5-bisphosphate）に，$CO_2$ を付加する酵素であるが，名前の最後が carboxylase/oxygenase となっているとおり，酸素を付加する活性もある二機能性の酵素である。$CO_2$ を付加する反応では，RuBP と $CO_2$ から，2分子の 3-ホスホグリセリン酸（PGA）が生じる。

　ルビスコは，分子量 5.5 万の大型サブユニットと 1.5 万の小型サブユニットが 8 個ずつから構成される大きな複合体として存在する。一部の光合成細菌を除き，すべての光合成生物においてこのルビスコの基本構造は共通である。緑藻や陸上植物の場合，大サブユニットの遺伝子は葉緑体ゲノムにコードされ，小サブユニット遺伝子は核ゲノムにコードされる。通常の酵素のイメージでは，酵素は少ない量で必要な活性を示すものであるが，このルビスコは，単一タンパク質として緑葉全タンパク質の 25% から 35% も占め（全葉身窒素含量の 20～30% に相当）ていて，地球上でもっとも多量に存在するタンパク質である（4,000 万トンを越えると推定されている）。

　また，通常の酵素では 1 秒間に 100 から 1,000 回の反応を行なうことは珍しくないが，ルビスコの触媒部位あたりの反応数は 1 秒間に数回にも満たない。さらには，酸素を付加する反応においては RuBP と酸素から PGA とホスホグリコール酸が 1 分子ずつ生じる。この場合は，炭素の固定反応は進行しないので，酸素のある環境では，ルビスコの炭素固定酵素としての効率はさらに低下する。ルビスコの量が多いのは，このような効率の低さを補うた

2.3 $CO_2$ から有機炭素化合物を作る代謝過程の実態　33

めであると考えることができる。

## (2) カルビン・ベンソン回路

ルビスコが触媒する反応により，炭素5個を含むリブロース-1,5-ビスリン酸（RuBP）と $CO_2$ から二分子の PGA ができる。この反応が炭素同化のプロセスに最も重要な炭素固定反応の実体である。しかし，この反応自体には ATP も NADPH も使われない。にもかかわらず，ルビスコによる $CO_2$ の固定反応が進むのは，RuBP がいわば十分に還元され，エネルギーをもった状態にある分子であるからであると言えよう。そうであれば，PGA から RuBP を作るためには今度は ATP と NADPH が必要となるはずである。実際に，その反応を行なっているのが，**カルビン・ベンソン回路**（カルビン回路，還元的ペントースリン酸回路ともいう）である（図2.6）。

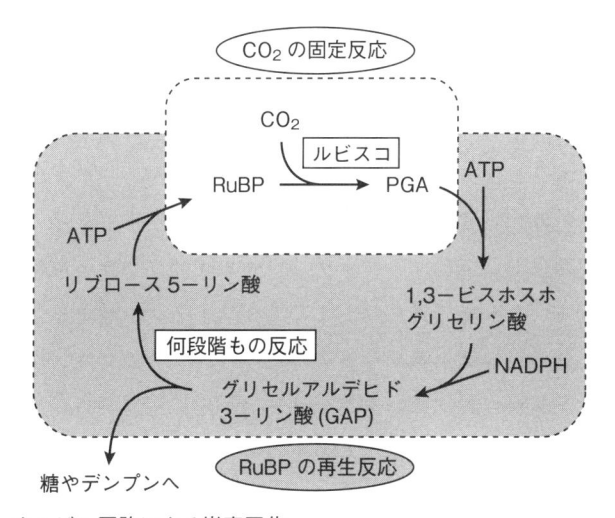

**図 2.6　カルビン回路による炭素同化**
$CO_2$ はルビスコによって RuBP と反応し，PGA に固定される。PGA は回路状の反応によって RuBP に戻されるが，一部はショ糖やデンプンの合成に使われる。

PGA は ATP によるリン酸化を受けて 1,3-ビスホスホグリセリン酸になり，さらに NADPH による還元を受けて炭素3つを含む糖（三炭糖）であるグ

リセルアルデヒド-3-リン酸（GAP）になる。この GAP から分岐を含む環状の代謝経路によってリブロース 5-リン酸が生じ，これが ATP によるリン酸化を受けて RuBP が再生される。回路が回るたびに $CO_2$ の形で炭素が供給されるわけであるから，そのままではカルビン回路の代謝産物量は徐々に増加していくはずである。これを利用する際には，後述するように途中の GAP などの三炭糖を細胞質に運び出すか。利用しきれない代謝産物はデンプンに変えて葉緑体内に貯蔵する。

### (3) 光呼吸

上述のように，$CO_2$ 固定酵素であるルビスコは，酸素を付加する反応をも触媒する。植物のルビスコの $CO_2$ と酸素に対する親和性（$K_m$）は，それぞれ 10～15 μM および 250～450 μM であり，$CO_2$ に対する親和性の方が高い。しかし，酸素は空気の体積の 21% を占めるのに対して，$CO_2$ は 0.04% 程度であり，水中の溶存濃度で比べても酸素の方が 10 倍以上高いため，実際の環境中では，酸素付加反応も無視できない速度で進行する。酸素付加反応によって生じるホスホグリコール酸は，カルビン回路を構成する酵素の一つトリオースリン酸イソメラーゼの強力な阻害剤であるため，ホスホグリコール酸を代謝する経路が必要となる。これが**光呼吸**（ひかりこきゅう）である。

光呼吸の経路においては，ホスホグリコール酸はグリコール酸に変えられてからペルオキシソームに送られ，ここでグリオキシル酸からグリシンに変えられてから，今度はミトコンドリアに送られ，ここでセリンに変えられてからペルオキシソームに戻されてヒドロキシピルビン酸からグリセリン酸に変えられ，最後にまた葉緑体に戻ってホスホグリセリン酸に変えられてカルビン回路に復帰する。この３つのオルガネラをまたにかけた複雑な経路では，酸素の吸収と $CO_2$ の放出が起こるため，呼吸との類似性から光呼吸と名付けられた。ただし，呼吸による糖の分解の際には酸素吸収と $CO_2$ 発生が１対１で起こるのに対して，光呼吸においては，全体の反応の収支は

$$2RuBP + 3O_2 + 2ATP + 還元型 Fd$$
$$\rightarrow 3PGA + CO_2 + 2ADP + 3Pi + Fd + 2H_2O$$

2.3 CO₂から有機炭素化合物を作る代謝過程の実態　　　　　　　　　　　　　　35

となっていて，酸素の吸収量は計算上 $CO_2$ の放出量の 3 倍となる（Fd はフェレドキシン）。

　光呼吸の全体の反応式を見る限り，炭素 5 個からなる RuBP2 分子が炭素 3 個からなる PGA3 分子になるのであるから，5×2−3×3＝1 となって炭素一個分の有機物が酸化されて $CO_2$ になる。通常の呼吸であれば有機物の酸化に伴って ATP が合成されるのに対して，光呼吸においては，逆に ATP が消費され，さらには還元力（還元型のフェレドキシン）まで消費されている。生命にとって重要な有機物，ATP，還元力をむだに消費しているとしか思えない光呼吸の生理的な意義については，「そもそも意義などない」というものから始まっていろいろ提案されてきたが，現在では光阻害の回避に役立っているということがわかっている（8 章参照）。

**(4) C₄ 光合成**

　カルビン回路は，ルビスコによって $CO_2$ が最初に PGA に取り込まれるため，初期産物が炭素 3 個を含む化合物であるという意味から，C₃ 光合成回路とも呼ばれる。ところが，サトウキビなどの一部の植物においては，$CO_2$ の最初の固定産物が炭素 4 個を含むオキサロ酢酸であることがわかった。このような植物の光合成を **C₄ 光合成**とよぶ。

　C₄ 光合成においては，ホスホエノールピルビン酸カルボキシラーゼ（PEPC）という酵素の働きで $CO_2$ がホスホエノールピルビン酸（PEP）に付加されオキサロ酢酸となる。この過程は葉肉細胞で起こり，オキサロ酢酸は，同じ炭素 4 個を含むリンゴ酸またはアスパラギン酸に変えられて，維管束を取り巻く維管束鞘細胞へと送られる。維管束鞘細胞では，リンゴ酸またはアスパラギン酸は $CO_2$ を放出して炭素 3 個の化合物に戻り，再び葉肉細胞に戻って PEP になる（図 2.7）。すなわち，この C₄ 回路においては，$CO_2$ が葉肉細胞から維管束鞘細胞へと輸送されるだけで，炭素同化は実質的には起こらない。この C₄ 回路をもつ C₄ 植物も，結局は維管束鞘細胞で放出された $CO_2$ をルビスコによって固定するカルビン回路を用いて炭素同化を行なっている。

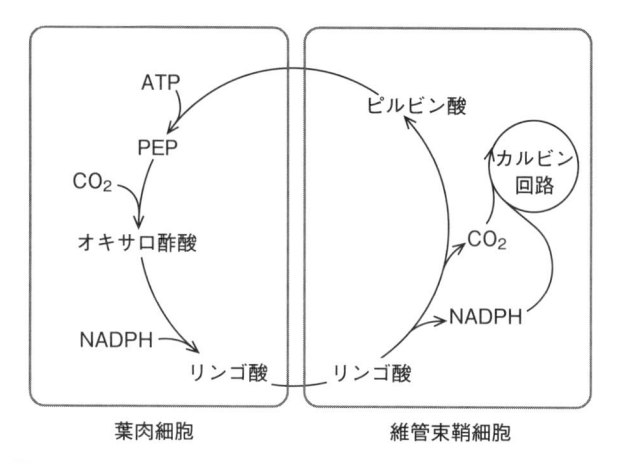

図 2.7 トウモロコシなどの $C_4$ 光合成の概略
$C_4$ 光合成においては，2種類の細胞の間で有機物をやり取りすることにより，$CO_2$ を維管束鞘細胞に濃縮することができる。

### (5) CAM 型光合成

　$C_4$ 光合成と同様に $CO_2$ を一度オキサロ酢酸として固定するタイプの光合成として，CAM 型光合成がある。CAM は Crassulacean Acid Metabolism の略で，訳せばベンケイソウ型有機酸酸代謝となる。ベンケイソウの仲間，ランの仲間，あるいはいわゆるサボテンに見られる光合成の方式で，外界から取り入れた $CO_2$ をホスホエノールピルビン酸カルボキシラーゼの働きでオキサロ酢酸に固定するのは $C_4$ 光合成と同じであるが，$C_4$ 光合成のように葉肉細胞と維管束鞘細胞の空間的な機能分化は示さず，代わりに夜と昼の時間的な機能分化を示す。すなわち，図 2.8 に示すように，夜の間に $CO_2$ 固定により作られたオキサロ酢酸は有機酸として液胞に貯められ，昼間になると $C_4$ 植物の維管束鞘細胞でみられたように有機酸から $CO_2$ を取り出してカルビン回路により固定する。

　$C_4$ 光合成は $CO_2$ の濃縮に働いていたが，CAM 光合成の特徴は，夜に行われる $CO_2$ の吸収・一時的固定と昼に行われる最終的な炭素同化という時間差にある。CAM 光合成をおこなう CAM 植物は乾燥地域に生えるものが多く，日中に気孔を開くと体内の水分が失われて生きていけない。一方で，

## 2.3 $CO_2$ から有機炭素化合物を作る代謝過程の実態

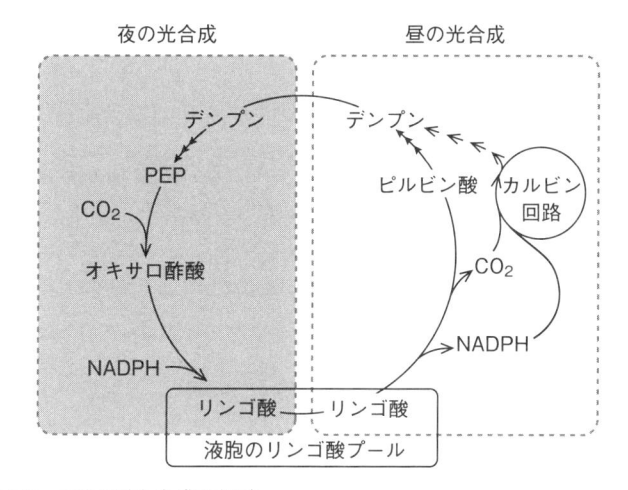

**図 2.8** CAM 型光合成の概略
CAM 型光合成においては，夜の間に $CO_2$ をリンゴ酸に固定しておくことにより，昼間に気孔を開かずとも光合成をすることが可能になる。

光エネルギーにより ATP と NADPH を作り出すことができる昼間こそが，$CO_2$ が必要となるときである。このジレンマを解決するのが CAM 型光合成である。昼間，光エネルギーにより ATP と NADPH が供給されるときには，気孔を閉じたまま，有機酸の分解によって得られる $CO_2$ をカルビン回路によって固定する。この際，乾燥にさらされても気孔を閉じているのでしおれなくて済む。夜になって気温が下がり相対湿度が上昇したときに，気孔を開き，$CO_2$ を取り込んで，次の昼まで有機酸の形で貯蔵しておくことになる。

砂漠などでは，一般に日較差（一日の最高気温と最低気温の差）が大きく，夜間には気温が大きく下がるので，夜間の相対湿度は砂漠といえども高くなることを利用しているといえるだろう。CAM 植物は，乾燥地帯に多くみられるほか，熱帯雨林などでみられる樹上性のランなどにもみられる。熱帯雨林では降雨量は多いが，土壌の水分保持能力に頼ることができない着生ランでは，絶えず乾燥ストレスにさらされることになり，CAM 型の光合成が必要となるのであろう。

一般に $C_4$ 植物が，その $CO_2$ 濃縮能のために飽和光下で高い光合成速度を示すのに対して，CAM 植物の光合成速度は一般の草本植物よりもかなり低

い。これは，液胞に貯めることができる有機酸量によって同化できる $CO_2$ 量の上限が決まってしまうことによるものと考えられる。ただし，CAM植物は通常の光合成を全く行えないと決まっているわけではなく，乾燥ストレスなどの環境要因によって $C_3$ 光合成とCAM光合成を切り替えることができる種もある。また，夕方になって液胞内の有機酸を使い果たしたのちは，気孔を開いて通常の $C_3$ 光合成をおこなう例も知られている。

### (6) 光合成の産物

$C_3$ 光合成であれ，$C_4$ 光合成であれ，CAM型光合成であれ，最終的な炭素同化はカルビン回路によって行われる。

では，光合成の直接の産物は何なのであろうか。呼吸の基質がグルコースであることからの類推か，グルコースを光合成産物とする教科書もあるが，これは誤りである。$CO_2$ が最初に取り込まれる有機物という意味では，前に述べたように炭素を3つ含むPGAが光合成の産物ということになる。この後，カルビン回路において生成したGAPの一部は，いわばカルビン回路から抜き取られ，葉緑体内での**デンプン**の合成や，細胞質での**スクロース**（ショ糖）の合成に利用される。

通常，光合成産物という場合には，このデンプンもしくはスクロースを指す。植物で光合成をしない根などの器官にエネルギーを輸送するためには，水に溶けやすいスクロースの形が使われることが多い。

光合成の産物は，器官から器官へと水に溶けた形で篩管を通して輸送される。この輸送を転流とよび，光合成の産物を転流するためには，水への溶解度が高い物質を使う必要がある。一方，光合成産物を蓄積する際には，細胞内の浸透圧を上げずに済むため，水への溶解度が低いデンプンを使う場合が多い。葉緑体内でのデンプン蓄積は，転流しきれなかった光合成の産物を一時的に貯蔵するという短期的側面が強いが，芋や種子などにおけるデンプン蓄積は長期的貯蔵の意味合いが強い。

ただし，すべての植物が貯蔵形態としてデンプンを使うわけではなく，スクロースを貯蔵するものもある。サトウキビなどが代表的な例であり，イネ

## 2.3 CO₂ から有機炭素化合物を作る代謝過程の実態

科の植物に比較的多い。デンプンをあまり貯めずにスクロースを貯めるタイプの葉を糖葉とよぶ。光合成産物の検出方法としては，小中学校でもおなじみのヨウ素デンプン反応が研究現場においても使われているが，糖葉の場合は産物を検出できないこと頭に置いておく必要がある。

### (7) デンプンとセルロース合成

デンプンとセルロースは，ともにグルコースが高度に重合した構造をもっている。図 2.9 に示すように，デンプンは，グルコースの異性体の一つである $\alpha$ グルコースが重合したものであるのに対し，**セルロース**は $\beta$ グルコースが重合したものである。この違いにより，立体構造のようすと物質としての安定性が大きく異なることになる。

デンプンは，加水分解により容易に単糖の形になるが，セルロースの分解速度は極めて遅い。また，セルロースの繊維の集まりは力学的にも強固な構造をとることができる。このことは，一時的な貯蔵物質としてはデンプンが利用される一方，細胞の形態を規定する細胞壁や，植物体を支える木部などの，構造材としてセルロースが利用される理由と考えられる。単なる力学的

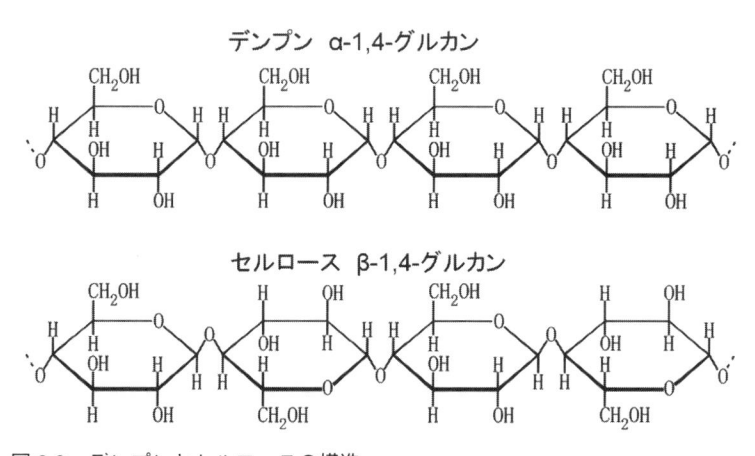

**図 2.9 デンプンとセルロースの構造**
デンプンもセルロースも，共にグルコースの重合体でありながら，重合の仕方の違いによって，その性質は大きく異なる。

支持構造に，エネルギーとして利用可能な糖の重合体を使うことは，もったいないようにも思われるが，光合成生物においては，光と $CO_2$ という基本的には尽きることのないものを糖の材料としており，窒素など，根から吸収する必要のある元素を含む物質に比べれば，糖の製造コストは安価であるという見方もできる。

セルロースは，樹木の木部に大量に蓄積され，また分解されづらい物質であることから，その存在量は極めて多く，地球上で一番多い有機物であるといわれている。光合成は，$CO_2$ を有機物に固定する反応であるが，生態系においては有機物がそのまま有機物として蓄積しない限り，大気中の $CO_2$ 濃度の低下にはつながらない。分解速度の遅いセルロースのような物質が，陸上のバイオマスや腐植質などとして蓄積することは，大気中の $CO_2$ 濃度に大きな影響を与えていると考えられる。

## 2.4 光エネルギーとその他の代謝系

光合成の一般的な定義の一つは「$CO_2$ を有機物に固定する働き」というものであるが，これを直接担うカルビン回路は，光合成生物だけではなく，1章で述べたように化学合成をする独立栄養生物にもみられる。すなわち，光合成の本質は，むしろ有機物合成に必要な ATP と NADPH を光のエネルギーから作り出す点にあることになる。この点を逆の方向から見てみよう。エネルギー源としての ATP と還元力としての NADPH の使い道は，何も炭素同化に限らない。たとえば窒素同化においては，根から吸収した硝酸イオンを，亜硝酸イオンを経てアンモニアイオンに還元する際に多量の還元力を必要とする。硫黄の同化においても同様である。また，そもそも物質の取り込みや輸送を能動的に行おうとすれば必ずエネルギー源が必要である。

生命を構成する物質は主に，酸素のある条件下では基本的に不安定な，還元された状態の炭素化合物からなっている。したがって，外部から取り入れた物質を同化する際にはほとんどの場合還元のプロセスが必須であるし，還元状態にある物質をその状態に保っておくためにも還元力は必要となる。こ

## 2.4 光エネルギーとその他の代謝系

れに加えて多くの化学反応を進行させるためには，エネルギーが必要であることを考えると，光合成生物のあらゆる代謝反応は，光合成によって供給される ATP と NADPH によって進むといってよいだろう．通常，カルビン回路を光合成の反応に含めて考えるのは，光合成生物の代謝反応の中で ATP と NADPH を必要とする量が他の代謝反応に比べて多いという量的な問題にすぎない．カルビン回路を光合成の一部であるとするならば，そのほかの光合成生物の代謝系もすべて光合成の反応の一部である，という見方も可能である．

(園池)

### ＜参考文献＞

「光合成とはなにか」園池公毅著，講談社ブルーバックス，2008
「トコトンやさしい光合成の本」園池公毅著，日刊工業新聞社，2012
「光合成の科学」東京大学光合成教育研究会編，東京大学出版会，2007
「光合成事典」日本光合成研究会編，学会出版センター，2003（現在絶版中）
「光合成研究法」北海道大学低温科学研究所・日本光合成研究会共編，低温科学 67 巻，2008 年，無料で http://eprints.lib.hokudai.ac.jp/journals/index.php?jname=173&vname=4041 からダウンロード可

# 3章
# 光合成生物の歴史と多様性

「植物として生きる」とはどういうことだろうか？

「はじめに」にも述べられているように，「植物」という言葉は人によってさまざまな意味で用いられるが，最も直感的には「光合成をして生きるもの」ということができるだろう．植物，すなわち光合成生物は，光合成によって作り出した有機物を自ら分解して生活のためのエネルギーとする．また，光合成生物以外の他の生物が必要とするエネルギーのほとんど全ても光合成生物に由来する．このように我々を含めてほとんどの生物が生きていくための基盤となっている光合成生物という生き方はどのように生まれ，どのように進化してきたのだろうか？

## 3.1 シアノバクテリアの誕生とそれがもたらしたもの

光合成とは酸素を発生するもの，と思いがちだが，原核生物（細菌）の中には紅色細菌，緑色硫黄細菌，緑色非硫黄細菌，*Heliobacterium*, "*Chloracidobacterium*" などのように酸素を発生しない光合成を行うものも少なくなく，**光合成細菌**とよばれる．酸素発生型の光合成を行う唯一の原核生物である**シアノバクテリア**は2つの光化学系（ⅠとⅡ）をもっているが，光合成細菌はどちらか片方しかもっていない（2.2節(1)参照）．緑色硫黄細菌や*Heliobacterium*, "*Chloracidobacterium*" は光化学系Ⅰと相同な（同じ進化的な起源をもつ）光化学系を，紅色細菌や緑色非硫黄細菌は光化学系Ⅱに相同

な光化学系をそれぞれもっている。これらの光合成細菌は電子供与体，すなわち還元剤として水ではなく硫化水素や有機酸を用いるため，その光合成によって酸素ではなく硫黄などが生成される。

シアノバクテリアはこの2つの光化学系を併せもつ唯一の原核生物であると同時に，**酸素発生型光合成**を行う唯一の原核生物でもある。水を分解するとともに，そこから還元力を得るためには大きなエネルギーが必要であり，2つの光化学系が組み合わさることでそれが初めて可能になったと思われる。しかしこれら光合成細菌とシアノバクテリアは，原核生物の系統の中でバラバラに存在しており，光合成細菌とシアノバクテリアとの関係，光合成装置の進化に関しては現在の所よくわかっていない。その過程には遺伝子の水平転移や重複など複雑な過程があったのかもしれない。いずれにせよ，酸素発生型光合成という機能はシアノバクテリアとともに，地球の歴史の中で唯1回だけ生まれた。このシアノバクテリアの誕生は，生物の進化において極めて幸運な偶然であった。

シアノバクテリアの誕生は，およそ27億年ほど前であったと考えられている。シアノバクテリアの誕生は地球環境を劇的に変化させ，さらにその後の生物の進化に決定的な影響を与えた（図3.1）。最も大きな変化は分子状酸

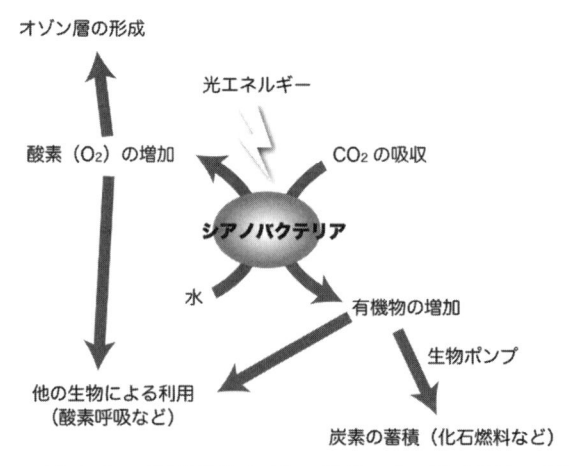

図 **3.1** シアノバクテリア（植物的生き方）の誕生による地球環境・生態系への影響

## 3.1 シアノバクテリアの誕生とそれがもたらしたもの

素濃度の上昇である。シアノバクテリアによって生成された酸素は，おそらく最初は海中に多量に存在した鉄イオンと反応して沈殿し，現在地球上の鉄鉱石の大部分を含む縞状鉄鋼床を形成したが，ほとんどの鉄イオンが消費された24億年前頃には大気への蓄積が始まった。酸素は反応性が高く，生物にとって危険な物質であるが，酸素濃度の上昇に伴って酸素を積極的に利用する生物が増えていったものと思われる。酸素を用いた有機物の分解（酸素呼吸）は酸素を必要としない反応である嫌気呼吸に比べて極めて効率的であり，より多くのエネルギーを得ることができる。

真核生物においては，原核生物（おそらく $\alpha$ プロテオバクテリア）が共生してできたオルガネラ（細胞小器官）であるミトコンドリアの中で酸素呼吸反応が行われている。少なくとも現存の全ての真核生物の共通祖先はミトコンドリアをもっていたと考えられており，真核生物はその誕生から現在まで酸素呼吸という機能とともに歩んできたことことを示している。

また酸素の増加はオゾン層の形成ももたらした。酸素分子は紫外線を吸収して酸素原子へと分解し，これが酸素分子と結合してオゾン（$O_3$）となる。さらにオゾンは紫外線を吸収して再び酸素原子と酸素分子に分解する。紫外線はDNAの破壊などによって生物に害を及ぼすため，初期の生物は紫外線がある程度遮断される水中で生きていたが，オゾン層の形成によって紫外線（特に有害な短波長紫外線）が地球上に降り注ぐことはなくなり，生物が浅海から陸上で生活できるようになった。

シアノバクテリアの誕生は，酸素の増加とともに $CO_2$ を固定して有機物を作り出していった。シアノバクテリア出現以前の大気には $CO_2$ が豊富（海洋形成後で大気の 90% 以上）であったが，$CO_2$ は減少を続けて現在では 0.04% ほどになっている。光合成によって $CO_2$ を固定して生じた有機物がすべて酸素呼吸によって分解されれば，差し引きゼロで大気組成は変わらないはずである。しかし光合成によって作り出された有機物がすべて生物の酸素呼吸によって分解されているわけではない。有機物の一部は海中を沈下し，海底に堆積していった。もちろん現在でもその過程は続いており，マリンスノーなどの形で見られる。海底での有機物の分解はゆっくりであり，ま

た難分解性の有機物も含まれる。さらには藻類を含むさまざまな生物が炭素を炭酸カルシウムのような無機炭素に変換し，これも海底に沈殿していく。このような過程は炭素吸収のための生物ポンプ (biological pump) とよばれ，結果的に炭素が大気から除去されて海底に蓄積することになり，大気の $CO_2$ 濃度は減少していった。

石油や天然ガスなどの化石燃料は，生物ポンプによって海底に蓄積された炭素に起源をもつ。人間による化石燃料の利用は，太古の光合成によって固定された $CO_2$ を再び大気中に放出する過程である。

## 3.2 真核生物が光合成生物になるとき

### (1) 葉緑体の誕生

生物の世界における大きな断絶は，動物と植物の間ではなく，原核生物と真核生物の間に存在する（図3.2）。原核生物の細胞は発達したオルガネラを欠き，環状のDNAが膜に囲まれることなく細胞中に存在する。一方，真核生物の細胞中には線状のDNAが核膜に包まれた状態で存在し，小胞体やゴ

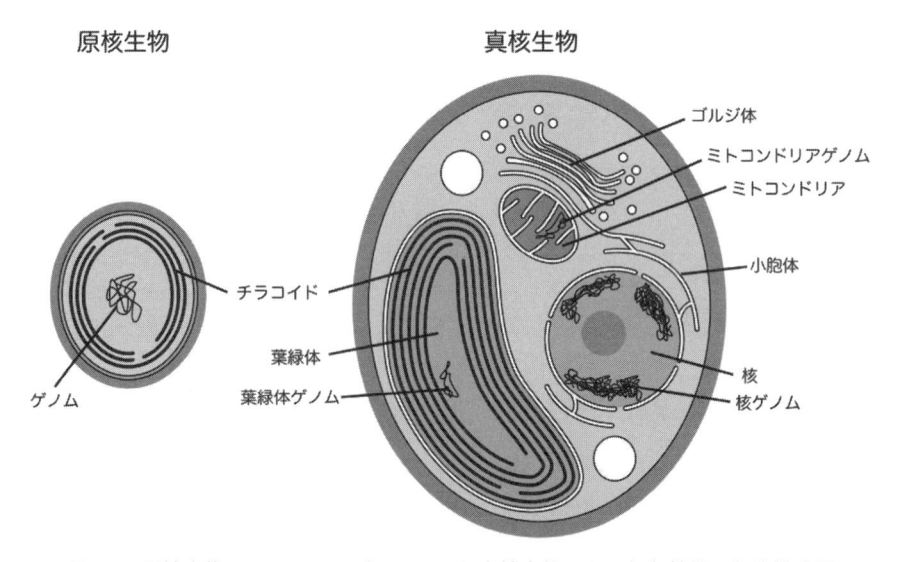

図 3.2 原核生物であるシアノバクテリアと真核生物である紅色植物の細胞模式図

## 3.2 真核生物が光合成生物になるとき

ルジ体などオルガネラが発達しているほか，植物（真核光合成生物）の細胞には光合成を担うオルガネラとして葉緑体が含まれる。葉緑体はもともと光合成の機能をもっていなかった真核生物に，光合成する原核生物であるシアノバクテリアが細胞内共生し，やがてその代謝や分裂が宿主である真核生物にコントロールされるようになり，独立した生物から葉緑体というオルガネラへと変化していったと考えられている（図3.3）。この過程で共生者のもつ遺伝子が次第に消失または宿主の核へ移動し，共生者のゲノムは単純化していったものと思われる（6.3節参照）。現生のシアノバクテリアにおけるゲノムサイズは2～10 Mbp（Mbp＝百万塩基対）ほどであるが，葉緑体ゲノムは0.2 Mbpほどまで小さくなっている。現在では，葉緑体は完全に宿主に依存したオルガネラとなっており，両者は不可分な存在となっている。

このような原核生物と真核生物の共生によるオルガネラ化を**一次共生**（一次細胞内共生，primary endosymbiosis）とよび，一次共生によって生まれた真核光合成生物は**一次植物**とよばれている。2重膜で囲まれた葉緑体は一次共生によって成立したと考えられるが，このような葉緑体は**灰色植物，紅色植物，緑色植物**という3つの植物群に存在する。では，この一次共生は生物の歴史の中で何度起こったのだろうか？

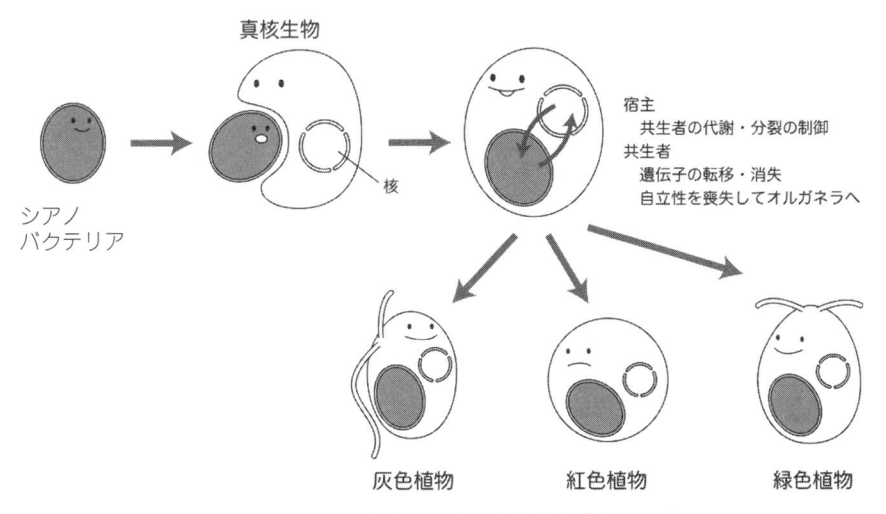

図 **3.3** 一次共生による葉緑体の成立

葉緑体の機能や増殖・分裂に関連する遺伝子，すなわちもともと共生者がもっていたと考えられる遺伝子を使った系統解析の結果からは，灰色植物，紅色植物，緑色植物の葉緑体はひとまとまりになり，シアノバクテリアの中に含まれることが示されている（図3.4）。このことは葉緑体の成立，つまり一次共生が生物の歴史の中でただ1回の現象であった，言いかえれば別々の原核光合成生物が何度も葉緑体になったわけではないことを示唆している。また葉緑体のゲノムには，シアノバクテリアのゲノムに見られない特有の遺伝子の並び順が存在することもこの考えを支持している。

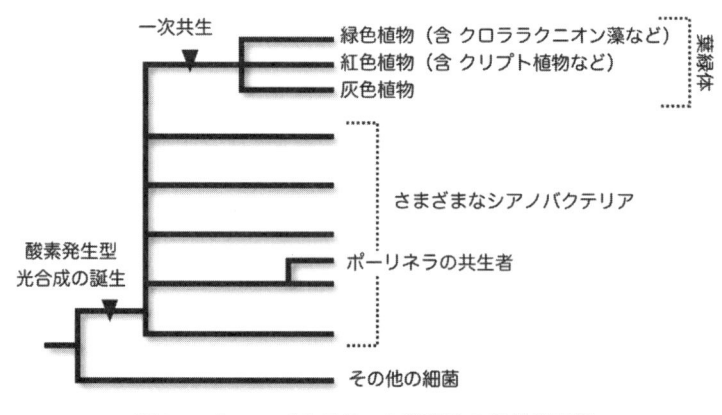

図3.4 シアノバクテリアと葉緑体の系統的関係

後述するように，二次共生が生物の歴史の中で何回も起こったことであるのに対して，一次共生がただ1回であったということは，原核生物と真核生物という系統的に遠く離れた生物がオルガネラ化に至るような緊密な共生関係を築き上げるのは難しかったことを示しているのかもしれない。

しかし，実は生物の中には1つだけ別起源の一次共生が知られている。それがポーリネラ（*Paulinella chromatophora*）とよばれる生物である。ポーリネラはガラスの鱗片で覆われた糸状仮足アメーバであるが，青緑色で勾玉形のオルガネラを2個もっている。この生物は補食せず，このオルガネラが行う光合成に依存していると考えられている。このオルガネラは，後述の灰色植物の葉緑体と同じくシアネレともよばれ，共生シアノバクテリアであると

考えられていた．このオルガネラのゲノムが解読された結果，葉緑体とは異なるシアノバクテリアに起源をもち，葉緑体よりはるかに多くの遺伝子が残されているものの，すでにある程度のゲノム単純化が起こっていることが判明している．つまりポーリネラのこのオルガネラは，葉緑体とは別の一次共生に起因する"もう1つの葉緑体"であり，いまだオルガネラ化の初期段階にある共生者だと考えられる．同属他種を含めてポーリネラに近縁な生物はいずれも共生シアノバクテリアをもっておらず，この一次共生がごく最近起こったことであることを示唆している．ポーリネラの研究は，葉緑体の誕生という重要なイベントの解明に重要な知見を与えてくれるだろう．

　いずれにしても，ポーリネラの一次共生よりもはるか昔に別の一次共生（シアノバクテリアと真核生物の共生）が起こり，酸素発生型光合成能が真核生物に伝えられた．その後，その子孫は灰色植物，紅色植物および緑色植物へと分かれていった（図3.3）．

**灰色植物**

　灰色植物は，シアノフォラ（*Cyanophora*）などわずか数種が知られるのみの淡水産の小さなグループであるが，葉緑体の進化を考える上で極めて興味深い藻類群である．灰色植物の葉緑体は，シアノバクテリアによく似た色をしているため，古くから共生したシアノバクテリアでないかとする考えがあった．そのためこの葉緑体はシアネレとよばれていた．やがてこのシアネレを包む2枚の膜の間には，シアノバクテリアの細胞壁であるペプチドグリカン層が存在することが明らかとなり，共生シアノバクテリアであるとする意見が広く受け入れられていった．

　しかし，シアネレのゲノムが明らかになると，上記のように遺伝子系統樹やゲノム上での遺伝子の並び順などの点ですべての葉緑体が単一の一次共生に起因したことが強く支持されるようになった（図3.4）．つまり灰色植物の"シアネレ"は，原始的な特徴を残してはいるものの，他の葉緑体と同一の起源をもっているものと思われる．しかし灰色植物の葉緑体が原始的な葉緑体の姿を残しているのは間違いない．

シアノバクテリアと葉緑体の光合成装置（光化学系）は極めて似ており，ほとんど違いはないが，葉緑体はシアノバクテリアにはない集光性複合体（light harvesting complex, LHC）とよばれる光を集めるアンテナとなる色素タンパク質複合体をもっている。LHCは光エネルギーを効率よく集めるために進化してきたものと考えられるが，灰色植物の葉緑体には典型的なLHCが存在しない。また葉緑体の分裂にも原始的な特徴がある。葉緑体は新生されることなく，すでにある葉緑体の分裂によってのみ形成される。ふつう葉緑体の分裂には，シアノバクテリアの分裂装置であるFtsZリングとよばれる構造とともに，葉緑体の内側と外側に存在する色素体分裂リングが関与する。

しかし灰色植物では，外側の色素体分裂リングに相当する構造が見つかっておらず，宿主による葉緑体の制御が原始的な段階にあることを示しているのかもしれない。また核にコードされた葉緑体遺伝子の系統解析からも，葉緑体としては灰色植物のものが最も初期に分かれたものであることが示されており，葉緑体の進化を探る上で灰色植物は極めて興味深い生物群である。

### 紅色植物

紅色植物（紅藻）には，海苔の原料となるアマノリ類や寒天原料となるテングサ類などが含まれるが，紅藻の主要な補助光合成色素はシアノバクテリアや灰色植物と同じくフィコビリンであり，タンパク質と複合体（フィコビリタンパク質）を形成している。基本的にフィコビリタンパク質にはアロフィコシアニン，フィコシアニン（青い色素），フィコエリスリン（赤い色素）の3種類があり，この順で内側から組み上がってフィコビリソームとよばれる複合体を形成し，チラコイド膜上に存在している。

紅藻ではフィコエリスリンが多いため，その名のように紅色に見えるものが多い。フィコエリスリンは海中深くまで透過してくる青緑色の光を利用することができるため，紅藻の中にはほとんど真っ暗な水深200 mに生育するものも知られている。

## 緑色植物

一次植物の中で最も大きなグループが緑色植物である。緑色植物は補助光合成色素としてフィコビリタンパク質を失い、クロロフィル$b$を獲得した。また光合成産物をデンプンに変換し、葉緑体の中に貯蔵するという特徴も緑色植物だけに見られ、他の植物（真核光合成生物）では貯蔵多糖を細胞質など葉緑体外に貯蔵する。緑色植物の中には陸上植物も含まれるが、クラミドモナス、クロレラ、アオノリ、アオミドロなどの藻類も多い。また、緑色藻類の中にはさまざまな体のつくり（体制）をしたものがおり、単細胞性のものから、不特定多数の細胞が集まったもの、クンショウモのように決まった数・形の細胞が組み合わさった定数群体を形成するもの、糸状体などの多細胞体を形成するものなどがある。

緑色植物の中のあるグループは、陸上で大発展を遂げた。それが陸上植物であり、コケ植物、シダ植物および種子植物が含まれる（図 3.5）。いわゆる緑色藻類の中で、接合藻（アオミドロやミカヅキモなど）やシャジクモ、コレオケーテは陸上植物へとつながる系統の生物であり、原形質連絡、卵生殖、配偶子嚢の保護など陸上植物の特徴が段階的に見られる。おそらく古生代オルドビス紀からシルル紀にかけて、このような緑色藻類が陸上にあがり、陸上植物が誕生したものと思われる。

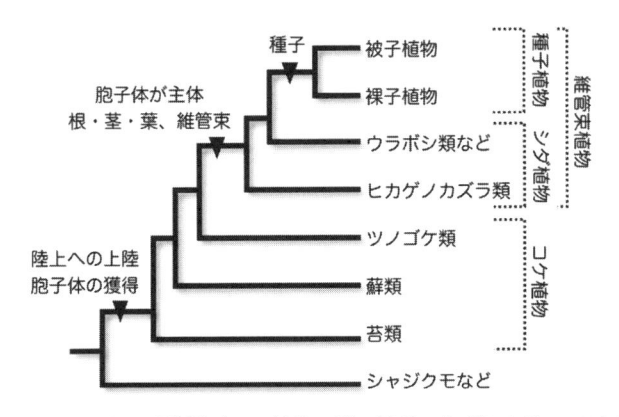

図 3.5 陸上植物の系統樹（コケ植物 3 群の関係は必ずしも確かではない）

## (2) 陸上植物の登場

最も初期の陸上植物は，現生のコケ植物に似たものだったと考えられている。コケ植物には苔類，蘚類，ツノゴケ類が含まれるが，これらは互いに近縁ではないらしい。近年の研究からは，ツノゴケ類が最も維管束植物（シダ植物と種子植物）に近縁であることが示唆されている（図 3.5）。これらコケ植物では，いずれもゲノムセットを1組しかもたない配偶体が主になっており，ゲノムセットを2組もつ胞子体は配偶体の上に寄生した状態になっている（図 3.6）。

この配偶体は単純な体のつくりをしており，いちおう茎と葉，根（仮根）からなるものが多いが，組織分化が未熟であり，また胞子体である維管束植

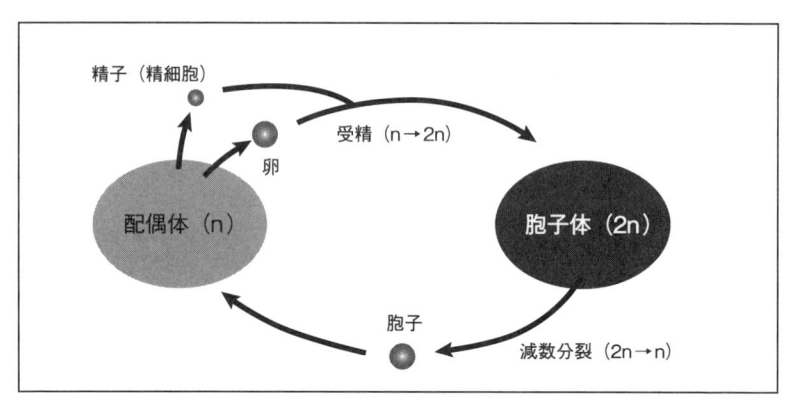

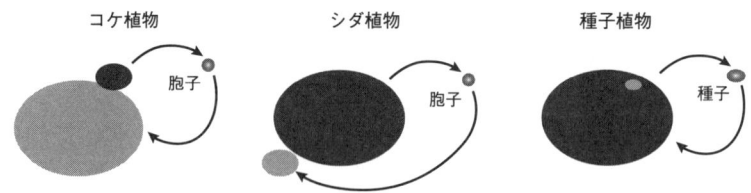

**図 3.6 陸上植物における生活環**
陸上植物の生活環では，ゲノムセットを1つもつ（nで示す）配偶体とゲノムセットを2つもつ（2nで示す）胞子体という2つの世代が入れ替わりながら生きている（世代交代）。コケ植物では配偶体が主となったおり，胞子体はそれに栄養的に依存している。シダ植物では胞子体が主となっており，配偶体は小さな前葉体となっているが，栄誉的には両者はほぼ独立している。種子植物でも胞子体が主となっているが，配偶体はさらに縮小して花粉と胚珠の中に押し込められている

物の茎，葉，根とは相同なものではない。コケ植物の胞子体は基本的に胞子嚢だけの単純なつくりであるが，ツノゴケなどでは胞子体が光合成を行い，気孔をもつなど維管束植物へとつながる特徴が見られる。

**維管束植物**

やがてコケ植物の中から**維管束植物**が誕生した（図3.5）。維管束植物はコケ植物とは異なり胞子体が主となっており，その体には茎，葉，根という器官分化，表皮や維管束などの組織分化が見られる。特に維管束は水や無機栄養を運ぶ木部と同化産物を運ぶ師部からなり，またリグニンなどを沈着させることで体を支える支持構造となる重要な組織である。維管束植物はこの維管束を獲得することで効率的な物質交換が可能となり，また大きな体をつくることができるようになった。

現生の維管束植物の中で最も初期に分かれたのはシダ植物だが，シダ植物は胞子体に胞子嚢を形成し，その中で減数分裂を行って胞子を形成，胞子が散布されて配偶体（前葉体）が形成される（図3.6）。つまりシダ植物はコケ植物と同じく胞子によって増殖する。また配偶体上で鞭毛をもった精子が形成され，これが卵に受精して新たな胞子体となる点でもコケ植物と同様である。

**種子植物**

その後胞子ではなく種子で増える陸上植物，**種子植物**が誕生した（図3.5）。種子植物もシダ植物と同じく胞子体が主になっているが，配偶体が独立して生きていけないほど極度に単純化している（図3.6）。種子植物では雄と雌の配偶体が分かれており，雄の配偶体は花粉の中に，雌の配偶体は胚珠という構造の中に押し込められている。花粉は胚珠に付着して雄の配偶子を送り込むが，ふつうこの雄性配偶子は鞭毛をもたない。つまり雄の配偶体が花粉の形で直接雌まで運ばれるため，配偶子が泳いで移動する必要がなくなったのだ。コケ植物やシダ植物では雄性配偶子が卵まで泳ぎ着く必要があったが，種子植物ではこの必要がなくなり，水から切り離された有性生殖が可能に

なった。受精した卵は胚珠の中でそのまま成長し，幼体となった段階で胚珠ごと母体から切り離される。これが種子である。つまり種子植物では胞子ではなく，種子によって生育域を広げることとなった。

　種子植物の中には裸子植物と被子植物が含まれる。

　ソテツやイチョウ，マツ，スギを含む**裸子植物**は中生代から繁栄してきたグループであり，現在でも寒冷地などでは森林の主要構成要素となっている。裸子植物の胚珠はむき出しになっており（裸子の名の由来），花粉が付着すると雄性配偶子が送り込まれ，種子になる。現生の裸子植物はすべて木本であり，草本のものは知られていない。木本はシダ植物の段階で獲得された生活型であり，木本から草本，草本から木本への進化は維管束植物の中で何度も起こっている。ふつう維管束植物の分裂組織は茎や根の先端に存在するが，木本ではそれに加えて形成層という分裂組織が茎の中に筒状に存在する。そのため木本の茎は次第に太くなることができる。形成層が作り出す組織は維管束，しかもほとんどは木部であり，木部は死んだ細胞（細胞壁だけ残っている）からできているため，木本の体の大部分は死んだ細胞からできているといえる。しかしその立派な木部のおかげで木本は巨大な体を支え，全身に水や無機栄養分を行き渡らせることができる。

　やがて中生代中頃に**被子植物**が誕生した。被子植物にはイネ，ラン，サクラ，ジャガイモ，キクなどが含まれ，現在の陸上環境の主要な生産者である。被子植物の胚珠は雌しべに包まれており（被子の名の由来），雌しべの柱頭についた花粉は管を伸ばして胚珠までたどり着き，そこで雄性配偶体（精細胞）を送り出す。

　被子植物は典型的な**花**を獲得したグループでもあり，雌しべの周りには花粉をつくる雄しべや色鮮やかな花弁などが存在して花を形作っている。多くの被子植物では，花弁を広告塔として招いた昆虫によって花粉を運んでもらっており，風媒に比べて効率のよい花粉媒介が可能になっている。さらに被子植物の中からは，花粉の媒介者として昆虫ではなく鳥やほ乳類，水流や再び風を用いるものが現れ，また重複受精という他には見られない特異な有性生殖を行うことによってより効率的な種子生産が可能となり（胚の栄養で

ある胚乳を前もって作っておくのではなく，受精が成功して初めて胚乳を作りはじめる），現在われわれが目にすることのできる大きな繁栄をとげることとなった。

## 3.3 葉緑体の水平伝播：二次共生

### (1) 二次共生と葉緑体

シアノバクテリアがある真核生物と共生し，葉緑体となることで酸素発生型光合成という機能は真核生物に伝わった。しかし植物の進化はここで終わ

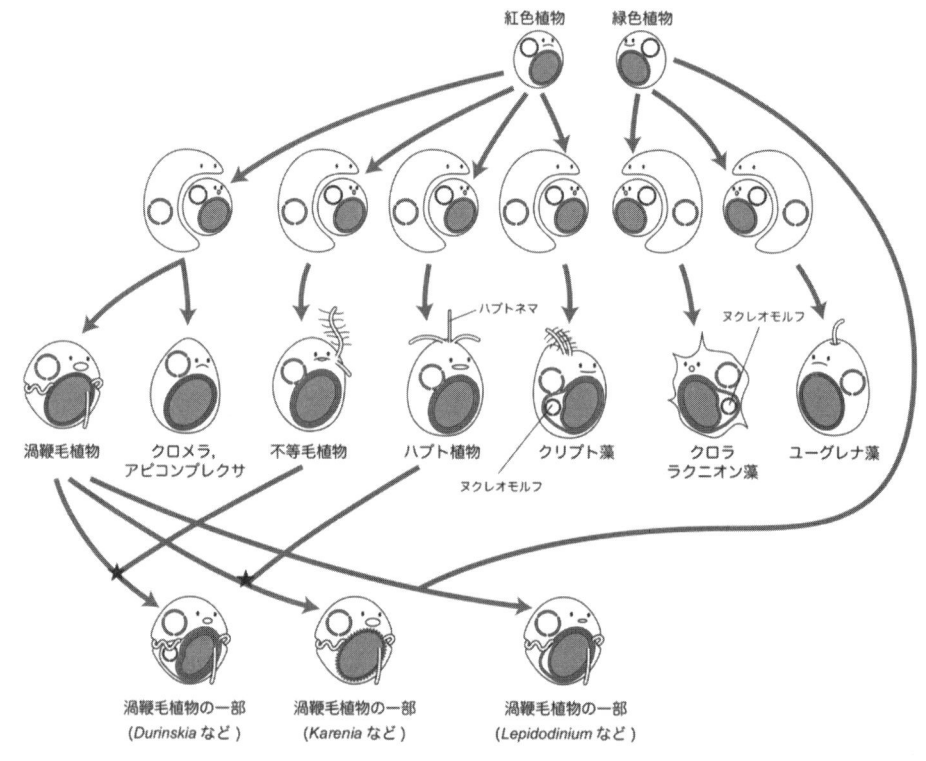

図 **3.7** 二次共生，三次共生による葉緑体の伝播とさまざまな植物群の成立
★は三次共生，それ以外は二次共生である。図では紅色植物を取り込んだ二次共生は4回独立の現象としてあるが，全て共通の1回の共生であったとする意見もある。

らなかった。さらに葉緑体をもった真核生物が他の真核生物の細胞内に共生することで葉緑体が他の真核生物に次々と伝わっていったのだ（図3.7）。

一次植物が他の真核生物に共生して葉緑体となる現象を**二次共生**（二次細胞内共生 secondary endosymbiosis），その結果誕生した植物を**二次植物**とよんでいる。

### クロララクニオン藻

二次植物の中には二次共生の痕跡をはっきりと残している生物がおり，それがクロララクニオン藻である。クロララクニオン藻の多くは糸状の分枝する仮足をもったアメーバ状の生物で細胞内にはクロロフィル $b$ を含んだ緑色の葉緑体が存在する。さらにこの葉緑体は4枚の膜で囲まれており，2枚目と3枚目の間にはヌクレオモルフとよばれる奇妙な構造がある（図3.7）。

ヌクレオモルフは所々に孔の空いた2重膜で囲まれており，内部にはゲノムが存在する。つまり核にそっくりな構造である。その存在場所から，ヌクレオモルフは二次共生の共生者となった生物の核だと考えられるが，実際にそのゲノムには緑色植物の特徴が残されている。現在ではヌクレオモルフのゲノム塩基配列が全て決定されており，ゲノムサイズは400 Mbpほどの3本の染色体が残っていることが判明している。このゲノムには転写や翻訳に関する基本的な遺伝子が残されており，また光合成に関わる遺伝子も機能している。

### ユーグレナ藻

クロララクニオン藻と同様に緑色植物を取り込んで葉緑体とした生物として，ミドリムシ（*Euglena*）などが含まれるユーグレナ藻がいる。ミドリムシの葉緑体となった緑色植物はピラミモナスという緑藻の仲間であり，クロララクニオン藻の葉緑体となった緑色植物とは異なるものであったことが判明している。つまりユーグレナ藻とクロララクニオン藻における二次共生は独立に起こったらしい（図3.7）。

### (2) 紅藻起源の葉緑体

　植物（真核光合成生物）の世界の中には，紅藻を取り込んで葉緑体とした生物が多い（紅藻を取り込んだ二次共生が何回起こったのかについてはさまざまな説がある）。それがクリプト藻，ハプト植物，不等毛植物，渦鞭毛植物であり，新たにクロロフィル$c$という光合成色素を獲得した。紅藻を二次共生させた植物たちは，水圏においては一次植物よりもはるかに繁栄している。おそらく古生代までは水圏でも一次植物（とシアノバクテリア）が優勢であったと考えられるが，中生代以降は新たに誕生したこれら紅藻起源の葉緑体をもつ生産者が主役の座を奪ったらしい。

### クリプト藻

　紅藻起源の葉緑体をもつ植物の中で，二次共生の痕跡を最もよく残しているものがクリプト藻である。クリプト藻の葉緑体は4重の膜に包まれており，2枚目と3枚目の間には紅藻の核に起因するヌクレオモルフが存在する（図3.7）。おもしろいことに，クリプト藻のヌクレオモルフの染色体数はクロララクニオン藻のそれと同じ3本であり，ゲノムサイズや残された遺伝子数もクロララクニオン藻と類似している。このように異なる起源にも関わらず同じような状態にあるということは，二次共生という現象が同じような過程を経て進むことを示しているのかもしれない。クリプト藻はフィコビリンを紅藻から引き継いでいるが，その存在様式は紅藻やシアノバクテリアとは異なり，フィコビリソームを形成せずにチラコイド内に存在する。

　クリプト藻は単細胞性であるためあまり目立たない生物群であるが，淡水から海水までふつうに見られ，特に低温，弱光，貧栄養な環境では優占することも多い。

### ハプト植物

　ハプト植物はあまり馴染みのない生物群であるが，特に海洋では極めて多く，量的に最も多い生産者だとする研究もある。ハプト植物の名前は，2本の鞭毛の間から伸びるハプトネマとよばれるハプト植物に特有の細長い構造

に由来する（図3.7）。ハプトネマの中には小胞体と微小管が存在し，付着装置やセンサーとして機能している。ハプト植物は紅藻のもっていたフィコビリンを失い，フコキサンチンとよばれるカロテノイドを獲得した。フコキサンチンが存在するため，ハプト植物の葉緑体は黄褐色を呈する。

ハプト植物の中で最も有名なものが円石藻である。円石藻の細胞は炭酸カルシウムでできた鱗（円石）で覆われており，その円石は極めて精巧な造りをしている。円石藻は人工衛星からも確認できるほどの大規模な赤潮を形成することがあり，また円石が沈殿することによって石灰岩を形成する。英仏海峡の有名な「ドーバーの白い崖」は円石からつくられた。円石は微化石として残るため，古環境の推定などに広く用いられている。

**不等毛植物**

紅藻起源の葉緑体をもつ二次植物の中で，最も種類が多いのが不等毛植物（オクロ植物）である。不等毛植物の中には，珪藻のように単細胞性のものからコンブやワカメが属する褐藻のように多細胞性のものまで含まれる。不等毛植物はふつうハプト植物と似た光合成色素の組成をもつため黄褐色を呈するが，中にはフシナシミドロのようにフコキサンチンを欠くため緑色のものもいる。不等毛植物の中で最も数が多い生物群は珪藻であり，一般に水域で最も多い生産者も珪藻であると考えられている。珪藻は比較的新しい生物群であり，中生代に現れ，新生代になってから大繁栄するようになった。珪藻の最大の特徴はガラス（珪酸質）からなる殻の存在である。珪藻の殻はガラスであるため微化石として長く残り，古環境の推定などに広く用いられている。

不等毛植物の遊泳細胞はふつうその名の通り不等長，不等運動性で前後に伸びる2本の鞭毛をもっている。このうち前に伸びる鞭毛には，管状マスチゴネマとよばれる管状の毛が多数生えている（図3.7）。管状マスチゴネマの存在によって鞭毛運動による水流が逆転し，遊泳細胞は前鞭毛側へ進む。この管状マスチゴネマは不等毛植物だけではなく，卵菌（ミズカビを含む）やラビリンチュラなど以前は菌類に分類されていた生物群や，ビコソエカ類な

どの鞭毛虫などの従属栄養生物にも存在する。分子系統学的研究からもこれら生物が不等毛植物とともに大きな系統群を構成していることが明らかとなっており，現在ではこの大系統群はストラメノパイルとよばれている。

**渦鞭毛植物**

渦鞭毛植物には，ヤコウチュウや貝毒の原因となるアレクサンドリウム（*Alexandrium*）などが含まれ，淡水から海水まで広く分布している単細胞生物群である。渦鞭毛植物はいろいろと変わった特徴をもつ生物群であるが，特にその染色体のつくりは真核生物として極めて特異である。ふつう単細胞生物は多細胞生物に比べて細胞あたりのDNA量が少ないが，渦鞭毛植物のDNA量はヒトよりも多いことがある。真核生物ではふつうDNAにヒストンとよばれるタンパク質が結合し，ヌクレオソームとよばれる高次構造をつくっている。渦鞭毛植物ではヒストンが極めて少なく，ヌクレオソームがほとんど見られない。その高次構造は未だに明らかにはなっていないが，このDNAは常に複雑に凝集して目立つ染色体を形成している。このような特異な核DNAから遺伝子がどのように発現しているのかは興味深い研究課題である。

また渦鞭毛植物はその葉緑体も変わっている。渦鞭毛植物の半数ほどはペリディニンという特異なカロテノイドを含んだ3重膜で包まれた葉緑体をもっている。少なくとも一部の葉緑体遺伝子は1遺伝子1分子という特異な形をとっているが，このDNAの詳しい存在様式は明らかになっていない。また，渦鞭毛植物の一部はもともともっていたペリディニン型葉緑体が退化し，かわりにハプト植物や珪藻を取り込んで新たな葉緑体としたと考えられており，このような二次植物を取り込んで葉緑体とする過程を**三次共生**（tertiary endosymbiosis）とよんでいる（図3.7）。また渦鞭毛植物の中には葉緑体をもたないもの（後述），緑色植物を取り込んで葉緑体としているものなどがあり，渦鞭毛植物は葉緑体を簡単に入れ替えることができる生物である。

渦鞭毛植物は細胞膜のすぐ下に扁平な小胞が多数存在し，種によってはこ

の小胞の中にセルロース性の板が発達している。似たような構造は繊毛虫やアピコンプレクサ類にも存在し，渦鞭毛植物がこれら生物群に近縁ではないかと考えられるに至った。繊毛虫はゾウリムシなどを含む代表的な"原生動物"であり，水中で捕食者として生きている。一方，アピコンプレクサ類は寄生虫として大成功を収めた生物群であり，マラリア原虫，トキソプラズマ，クリプトスポリジウムなど人間生活に多大な害を与えることがある。

このような生物群と光合成を行う渦鞭毛植物が近縁であるというのは意外であるが，分子系統学的研究からもこのことは強く支持され，真核生物の中でこれら生物群は大きな系統群を形成していると考えられている。細胞膜直下の扁平な小胞はアルベオルとよばれ，これをもとにこの大系統群はアルベオラータとよばれている。アルベオラータでも1つの共通祖先から捕食者，寄生者，そして光合成生物として生きるものという全く異なる生き方をする生物が生まれたのだ。

## 3.4 現在進行形の植物化

これまで記したように，光合成という機能，「植物」という生き方は共生を通じてさまざまな真核生物に伝わっていった。葉緑体は，もともと共生者であったが，すでに宿主と完全に統合された状態にあり，両者は一つの生物を形成している。しかし自然界には，未だ完全には統合されていない，植物（光合成生物）になりかけている共生現象がさまざまな生物に見られる。

そのような共生現象の中で最も身近な例は，ウメノキゴケやサルオガセのような**地衣**に見られる。地衣の本体は菌類であるが，菌糸が絡まったその体のすき間に緑藻やシアノバクテリアなどの藻類が共生している。菌類は生活場所と無機栄養を藻類に与え，藻類は光合成によって得た有機物を菌類に供給している。この共生関係は完全には統合されておらず，共生者（藻類）は単独で培養することができる。地衣の本体である菌類の多くは子嚢菌に属するが，担子菌に属するものもおり，さらに子嚢菌の中でも地衣となる菌類は複数の系統群にまたがって存在することが知られている。藻類との共生，つ

## 3.4 現在進行形の植物化

まり「地衣化」は菌類の中で何度も独立に起こったらしい。

同じような共生関係は海の中でも見られる。熱帯でサンゴ礁を形成するサンゴ（造礁サンゴ）の細胞内には褐虫藻（zooxanthellae）とよばれる藻類が共生している。褐虫藻の正体は多くの場合シンビオディニウム（*Symbiodinium*）という単細胞性の渦鞭毛藻であり，サンゴ以外にもクラゲやイソギンチャク，シャコ貝などさまざまな動物，さらに放散虫や有孔虫など単細胞生物に共生している。

一方，淡水ではズークロレラ（zoochlorellae）と総称される緑色藻がヒドラ，カイメン，アメーバ，太陽虫などに共生していることがある。ほかにもシアノバクテリアを共生させる渦鞭毛植物やホヤ，紅藻や珪藻を共生させる有孔虫，緑色藻を共生させるウズムシやサンショウウオなどさまざまな共生関係が知られている。このように共生藻と宿主はそれぞれ極めて多様であり，光合成生物の共生によって「植物」的な生き方を獲得することは，生物の進化の中で独立に何度も起こったことを示している。

これまで述べてきた共生では，宿主と共生者それぞれの自立性が比較的保たれており，特に共生者は単独でも生育できる例が多い。しかし自然界に見られる例はそのような"平和的"なものばかりではない。生物の中には，藻類を取り込み（食べ），一定期間（数日〜数ヶ月）保持して光合成器官（葉緑体）として利用するものの，それを子孫に受け渡すことができず，いつかは消化してしまうものがいる（図 3.8）。このようないわば使い捨ての葉緑体は盗葉緑体（kleptochloroplast）とよばれ，先に記した共生とはずいぶん趣が異なるが，二次共生，三次共生による「植物化」を考える際には興味深い現象である。

たとえばウミウシの一種であるゴクラクミドリガイ（囊舌目ウミウシ類）は，卵から孵化するとある決まった海藻を食べる。そして葉緑体以外を消化してしまい，残った葉緑体は体の特定部分の細胞に取り込まれて数ヶ月間は光合成を行うことで，この生物がえさを採らずに「植物」として生きることを可能にしている。葉緑体はゲノムをもっているが，その情報だけでは葉緑体を維持することはできない。光合成などに必要な遺伝情報の多くは核に

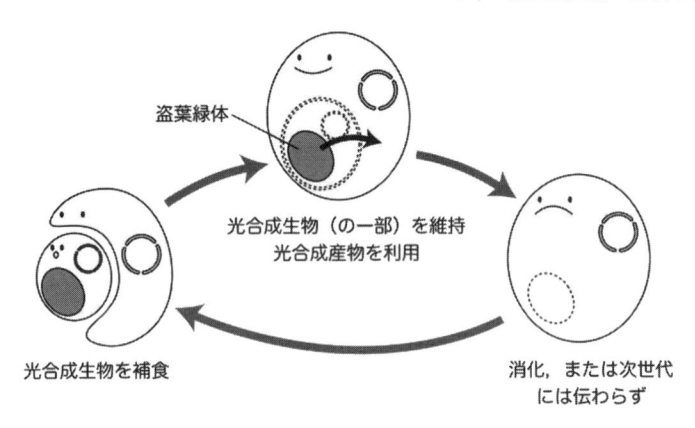

図 3.8　盗葉緑体をもつ生物の生活様式

コードされているからだ。ウミウシはどのようにして葉緑体だけを維持しているのだろうか？　近年の研究では，本来は海藻の核にコードされている遺伝子がウミウシの核ゲノムに移っていることが示唆されている。ウミウシはやがて植物の遺伝子を完全に取り込み，一生「植物」として生きられるようになるのだろうか？

## 3.5　光合成生物であることをやめる

　このように，共生によってさまざまな真核生物が葉緑体を獲得し，「植物」としての生き方を選んだが，その子孫が全て植物として生きているわけではない。もともと立派な葉緑体をもって植物として生きていたにもかかわらず，光合成による自活生活をやめてしまい，外部から有機物を取り込んで生きるようになった"元"植物は意外に多い。

　最もよく知られているのが，ラフレシア，ネナシカズラ，ヤセウツボなど陸上に住む**寄生植物**である。寄生植物はその根を他の陸上植物に侵入させ，栄養分を奪い取って生きている。また陸上植物のほとんどは，根などの地中部で菌類（菌根菌）と共生して栄養の受け渡しをしているが，中にはギンリョウソウやオニノヤガラのように有機物も菌から得て光合成を放棄してし

## 3.5 光合成生物であることをやめる

まったものもいる。このような植物は**腐生植物**とよばれることが多いが，正確には自ら生物遺体を分解して栄養を得ているわけではなく，菌類から栄養を得ているため，近年では菌従属栄養植物とよばれることもある。寄生植物や腐生植物は被子植物のさまざまな系統に見られ，植物的な生き方の放棄が何回も独立に起こっていることが分かる。

さらに陸上植物以外にも，光合成能を放棄してしまったものは多数存在する。前述した光合成生物群のほとんどにおいて（シアノバクテリア，紅色植物，緑色藻，ユーグレナ藻，クリプト藻，ハプト植物，不等毛植物，渦鞭毛植物），光合成能を失って従属栄養的に生きる種が含まれる。特に渦鞭毛植物では約半数の種が従属栄養性である。これらの"元"植物は原核生物や他の真核生物を補食したり，有機物を吸収して生きており，特に水圏生態系においては極めて重要な地位を占めている。生物の歴史の中では共生によって「植物になる」ことは何度も起こったが，光合成能の喪失によって「植物をやめる」ことも何度も起こったらしい。

「植物」であることをやめてしまった生物として特異な生物群が前述した**アピコンプレクサ類**である。アピコンプレクサ類にはマラリア原虫などが含まれており，ヒトや他の多細胞動物に寄生し，ときに重大な病害をもたらす。アピコンプレクサ類は宿主から栄養を得ており，もちろん光合成を行わないが，アピコプラストとよばれる葉緑体と相同なオルガネラをもっている（図 3.7）。アピコプラストは 4 重膜に囲まれ，光合成色素やチラコイドをもたないが，葉緑体ゲノムと相同なゲノムを含んでいる。このことはアピコンプレクサ類がもともと光合成を行って生きる「植物」であったことを示唆している。

前述のようにアピコンプレクサは渦鞭毛植物に近縁であり，また最近になってクロメラ（*Chromera*）とよばれるアピコンプレクサ類に極めて近縁でありながら立派な葉緑体をもった生物が見つかった。このことからアピコンプレクサ類がもともと光合成を行っていたとする考えが強く支持されている。アピコンプレクサ類は光合成を放棄してしまったにもかかわらず，なぜオルガネラとしての葉緑体（色素体）を残しているのだろうか？　葉緑体や

ミトコンドリアはもともと独立した生物であったが，オルガネラ化していく過程で光合成や酸素呼吸といった本来の機能以外の役割も担当するようになったのだろう。一度そのような関係が成立すると，本来の機能がいらなくなっても簡単には捨てさることができなくなってしまったように思われる。

これまで見てきたように，酸素発生型光合成というかけがえのない機能は，生物の長い歴史の中でただ1回，シアノバクテリアにおいて獲得されたが，この機能は一次共生によって真核生物に伝わり，さらに二次，三次共生によってさまざまな真核生物に広がっていった。つまり共生という現象を通じてさまざまな生物が「植物（光合成生物）」という生き方を獲得し，また獲得しつつある。しかし「植物」という生き方は絶対的なものではないらしい。共生者を完全にオルガネラ（葉緑体）とした生物の中にも，光合成能を失ってしまったものが多い。生物の歴史の中では，従属栄養から独立栄養へ，独立栄養から従属栄養へという進化は何度も起こったのだ。「植物」の多様化はさらなる「植物」の多様化を引き起こし，さらに生物全体の多様化も推進していったのだろう。

(中山)

### ＜参考文献＞

「藻類30億年の自然史-藻類からみる生物進化・地球・環境」井上勲，東海大学出版会，2007

「藻類の多様性と系統」千原光雄編，バイオディバーシティ・シリーズ (3) 裳華房，1999

「植物の系統と進化」伊藤元己，裳華房，2012

# 4章
# 海・湖沼での光合成生物（藻類・水草）の暮らしとそれを支えるメカニズム

　光合成生物は水の中で生まれた。そのときの環境を推定するのは難しいが，少なくとも現在の光合成生物が生息する環境は，多様な生物がそれぞれの生息域で，あるいは地球規模で環境を変えてきたため，光合成生物が誕生した頃より多様になっているといってよいだろう。言い換えると，光合成生物は地球上の環境の多様化に合わせて，ある程度でも水が得られる環境であればどんな場所にも適応して生き延びてきた。この高い適応能力とその結果得られた大きな多様性が，光合成生物を研究する上での醍醐味の一つであろう。

　ここでは，光合成生物の成育に必須な水，光，酸素，$CO_2$，栄養塩という要素の特性とこれらの資源の獲得に向けた植物の戦略という視点から，海や湖沼に生育する光合成生物をとらえる。

## 4.1　海，湖沼という成育環境

　光合成物の成育に必須な要素は水，光，酸素，$CO_2$とリン，窒素，マグネシウム，鉄ほかの栄養塩であるが，水圏の光合成生物の場合，光が最も重要な要素（制限要因）になる場合が多い。すなわち水の光吸収のため，海であれ，湖沼であれ，仮に水中に光の透過をさえぎる懸濁物が皆無であっても，光合成生物が生存できるだけの光量が得られる水深は 200 m 程度にすぎない。このような水深の場所は，地球全体の水面の数%にすぎず，これ以外の水面では海底や湖底で生育する底生の光合成生物は生存できない。しか

も，実際には陸域から流入する土砂や有機物などの懸濁物や，水中に浮遊するさまざまな生物のため，水中を透過する光量はずっと小さくなることが多い（図4.1）。

こうして海や湖では，光合成生物はその生存のために光が届く浅所にとどまっている必要があり，そのためのメカニズムを備えている必要がある。このような能力を獲得した光合成生物が**植物プランクトン**であり，多様なメカニズム（たとえば細胞の微小化やゲノムサイズの縮小，細胞形態の特殊化による浮力の獲得，遊泳と光走性）が進化してきた。

栄養塩という観点からは，外洋は栄養塩に乏しく，光合成生物が生存できる量は限られている。また，栄養塩全体としては比較的豊富であっても，一部の微量元素の不足によって，その繁殖が制限されている場合もある。たとえば，北太平洋の一部の海域では，リン，チッ素などの主要な栄養塩の濃度は比較的高いが，鉄イオンが相対的に低く，これが植物プランクトン成長の制限要因になっているとされている。

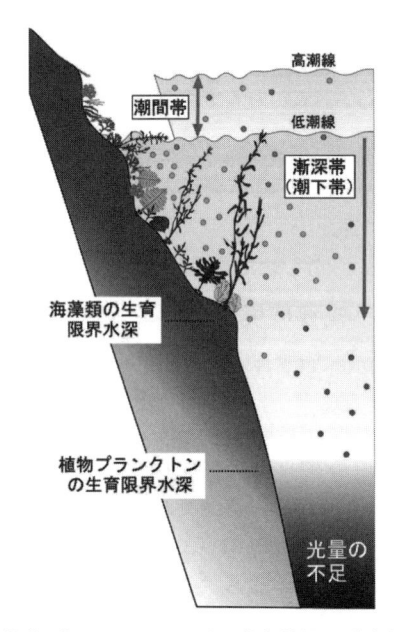

図 **4.1** 海藻類，植物プランクトンなどの成育状況の垂直断面図（口絵参照）

これに対して，浅い海のほとんどが位置する沿岸域は，陸域からの栄養塩の供給が多く，また海底からの環流（沈降した栄養塩の上昇）も起こりうるため，一般に栄養塩の濃度は高い。このため，浅い海では大量の光合成生物が繁殖でき，さらにその生育環境の多様さや環境変動の大きさゆえにさまざまな底生の光合成生物が進化し，多細胞体制で複雑な形態，生活史をもったもの（海藻類）も現れた。また動物を含む生物間の競合が著しいため，光合成生物はより多様化し，成長様式や光合成系の多様化，大形化と浮力・光合成産物能動輸送系の獲得，生活史・生殖機構の多様化などが引き起こされたと考えられる。

## 4.2 環境適応と進化的制約

水圏の光合成生物の多様性，環境との関わり合いを考える上で，もう一つ重要な要因としては進化的な背景，制約がある。すなわち，どのような生物でもその直近の祖先のもつ形態や性質を引き継いでおり，陸域環境への適応のために複雑な形態や生活様式に進化した後に水圏に適応した生物は，水中での生活では必ずしも有利ではなくとも，陸上生活への適応のために得た形質を多く備えている。

たとえば，陸上植物を祖先とする海草や水草は水中に生活しながらも，根を張って土壌中から多くの栄養塩を吸収しており，このため一般に成育環境は土壌のあるところに限られる。また，紅藻類はその祖先的な単細胞のものでも**鞭毛**による運動性を失っており（あるいはもともと備えておらず），このため後述するように生殖細胞も鞭毛による運動性をもたないため，その生殖様式においても著しく特殊化している。

## 4.3 海で生きる光合成生物 —— 外洋環境への適応

### (1) 細胞の小形化

水圏の主要な一次生産者である植物プランクトンの多様性については，伝

統的に瓶やバケツによって直接，水のサンプルを採取するか，水中のある大きさ以上の生物をプランクトンネットによってろ過・濃縮して採集し，顕微鏡によって観察するという方法で研究されてきた。

なかでも，外洋のように植物プランクトンの生育密度が低い場合や，まれな種類の場合には，バケツなどによって採取された濃縮されていない水サンプルでは充分な量のサンプルが得られないことが多く，またその生物量を定量的に推定するためにもプランクトンネットの使用が不可欠であった。しかし，プランクトンネットはその目合い（隙間のサイズ）によって，採取できるプランクトンのサイズが制限を受け，またあまりに小さい目合いのものは水の抵抗が大きくなりすぎるため実用的ではない。このため，2〜3 μm より小さなプランクトンについては，その存在は古くから知られていたが，食物網における重要性や水圏全体としてのバイオマスについてはほとんど留意されてこなかった。

しかし，蛍光顕微鏡の一般化やフローサイトメトリーを用いた解析が可能となったことにより，クロロフィルの自家蛍光や DNA を特異的に染色することできわめて微小な藻類細胞を効果的に観察できるようになった。このため 1980 年代以降，それまであまり注目されていなかった 2〜3 μm より小さな藻類の生物多様性や生態系における重要性が認識されるようになった。また，その後，遺伝子解析により形態学的には識別困難な種を同定したり，環境試料から種の多様性を解析したりすることが可能となったことから，いわゆるピコプランクトンの多様性の理解が急速に進んだほか，水圏の生態系においてきわめて重要な役割を果たしていることが明らかになってきた。

ピコプランクトン（2 μm 以下）または 3 μm 以下の微細な植物プランクトンには，原核生物であるシアノバクテリア（らん藻）のみならず，さまざまな真核藻類が含まれている。

シアノバクテリアで最も小さなものは直径 0.6 μm 程度の *Prochlorococcus* である。*Prochlorococcus* は温帯から熱帯の外洋域における主要な構成種であり，光が届く下限である水深 200 m くらいまで分布しており，その密度は 1 L あたり 100,000 細胞にも達する。ある報告に基づくと，*Prochlorococcus*

4.3 海で生きる光合成生物 —— 外洋環境への適応

は外洋における総光合成量の21〜43%, 一次生産量の13〜48% にも達する。*P. marinus* はその小型化のために, 一般的なシアノバクテリアとは大きく異なる特殊化をとげている。すなわち, 光合成色素はクロロフィル $a, b$ のディビニル化したもので, 属の中でも特徴的である。またフィコビリソームを欠いており, アンテナ色素は Pcbs に置き換わっている。*P. marinus* はゲノムサイズが 1.66 Mbp であり, 光合成生物では最も小さいゲノムをもつと考えられ, この生物では多くの遺伝子が他のシアノバクテリアより顕著に退化しているとされている。

一方, 最小サイズが 3 μm 以下の真核藻類としては, これまでに数十種が報告されており, 30 種程度はピコプランクトン (<2 μm) のカテゴリーに入る (表 4.1)。これらは一部のものが汽水域から報告されているが, ほとんどが海産であり, また一次細胞内共生に基づく葉緑体をもつ緑色植物のみならず, 二次細胞内共生による葉緑体をもつものも含め, さまざまな系統群が見られる。

最も小さいピコプランクトンのサイズは原核で 0.6 μm, 真核で 0.95 μm であり, これらの細胞サイズは, ゲノムや生体膜のサイズから理論的に計算された光合成生物の最小サイズ (原核生物で 0.1 μm, 真核生物で 0.3 μm; Raven 1998) から考えても下限に近い。これらの極小植物プランクトンはさまざまな系統群で見られることから, それぞれの系統の中で何度も独立して進化してきていることがわかる。

このような, 微小なサイズを実現するために, さまざまな特殊化した進化が見られる。例えば, ボリド藻では 2 本の不等長鞭毛をもち, また高い運動性を維持しているが, ほとんどの不等毛藻類で見られるこれらの鞭毛を支え, 細胞の形態を維持している鞭毛根系が見られず, また鞭毛基部装置もきわめて退化した構造となっている。また, これまでに報告された真核植物プランクトンで最小の *Ostreococcus tauri* はプラシノ藻で普通に見られる鞭毛や鱗片を欠いており, 細胞質もきわめて退縮している。また, 一般的に極小真核藻類では, 有性生殖はほとんど知られておらず, また光の強さや方向を検知してその方向へ移動したり逃げたりする反応である光走性も顕著ではな

表 4.1 細胞最小直径が3 μm（および2 μm）より小さい真核光合成生物プランクトン（Vaulot et al. 2008 より改変）

| 門 | 綱 | 種数（>2 μm） | 代表的な種 |
| --- | --- | --- | --- |
| 緑藻植物 | プラシノ藻綱 | 20（5） | *Micromonas pusilla, Ostreococcus tauri, Pycnococcus provasolii, Stichococcus bacillaris* |
|  | ペディノ藻綱 | 2（1） | *Resultor micron* |
|  | トレボキシア藻綱 | 7（3） | *Chlorella nana, Picochlorum atomus* |
| 不等毛植物 | 珪藻綱 | 20（13） | *Chaetoceros minimus, Minidiscus comicus, Skeletonema menzelii, Thalassiosira mala* |
|  | 黄金色藻綱 | 6（0） | *Ollicola vangoorii* |
|  | ペラゴ藻綱 | 4（2） | *Aureococcus anophagefferens, Pelagomonas calceolate* |
|  | ディクチコ藻綱 | 1（0） | *Florenciella parvula* |
|  | 真眼点藻綱 | 3（1） | *Nannochloropsis granulate, N. salina* |
|  | ボリド藻綱 | 2（2） | *Bolidomonas mediterranea, B. pacifica* |
|  | ピングイオ藻綱 | 2（1） | *Pinguiochrysis pyriformis, Pinguiococcus pyrenoidosus* |
| ハプト藻植物 | ハプト藻綱 | 10（3） | *Chrysochromulina tenuisquima, Imantonia rotunda, Mantoniella squamata, Phaeocystis pouchetii* |
| クリプト藻植物 | クリプト藻綱 | 1（1） | *Hillea marina* |

い場合が多い。

　このような特殊な適応をとげることのメリットとしては，栄養塩が極めて乏しい環境下や弱光環境下で，その栄養塩，光の獲得において有利であると考えられている。すなわち，細胞が小形化することにより体積あたりの細胞表面が大きくなることから栄養塩の取り込みやガス交換において有利になり，また，有光層より下へ落下しにくいという利点も考えられる。実際，遺伝子解析による，水深帯ごとの植物プランクトンの多様性解析でも，有光層

4.3 海で生きる光合成生物 —— 外洋環境への適応　　71

より下にはあまり検出されない。また，これらに加えて，真核の菌類などによる寄生を受けにくいという利点が考えられている。

### (2) 細胞附属構造の発達と鉛直運動

　植物プランクトンなどが，水面近くから沈降することを避けるためのメカニズムの最も主要なものは，鞭毛運動による遊泳であり，実際ほとんどの真核光合成生物の系統群が鞭毛によって遊泳する。しかし，鞭毛による運動は動物プランクトンなどの捕食者からの逃避や，鉛直運動の実現などにも貢献するとはいえ，大きなエネルギーを必要とする。

　興味深いことに，真核光合成生物としては海洋で最も大量に生育すると考えられる珪藻類は，その栄養細胞は水と比べてかなり比重が大きい（重たい）ケイ酸質の殻をもっているにもかかわらず鞭毛をもっておらず，自ら遊泳することはできない。このため，外洋性の珪藻の多くは，藻体表面に多様な形状の，また細胞の大きさから比べると非常に長い突起構造（有基突起）をもっている。また，この突起から長い粘液性の糸が細胞外に放出されることもあり，これらによって藻体の表面積を大きくすることで水の抵抗を大きくし，沈降しにくくなっていると考えられる。同様のメカニズムは渦鞭毛藻類でもみられ，外洋性の種を中心に細胞外に広い羽根のような構造（翼片）をもったものが見られる（図 4.2）。

図 **4.2**　羽状の構造をもった植物プランクトン（渦鞭毛藻）の走査電子顕微鏡図（堀口健雄博士提供）

表層近くは，これらの植物プランクトンの増殖によって，栄養塩濃度が低下しがちで，また水温も高くなることが多いため捕食者である動物プランクトンの活動も活発である．これに対して有光層の下部では，表層からの有機物の沈降が見られるが，光合成はあまり行われないため，表層に比べ栄養塩濃度が顕著に高くなる栄養塩躍層が発達することが多い．このような海域では，渦鞭毛藻のような高い運動性をもった植物プランクトンには，夜間は深所へ移動して，硝酸塩などの栄養塩を吸収し細胞内に貯え，昼間は上昇してこれらの栄養塩を使って光合成を行う鉛直運動を示すものが知られている．

### (3) 混合栄養

ほとんどの生物は，その生存のためのエネルギーと炭素源の獲得という観点からは，**独立栄養生物**と**従属栄養生物**のいずれかに分けられるが，単細胞藻類の一部には両者を組み合わせた「混合栄養」と呼ばれる性質を示すものが含まれる．すなわち，これらの藻類では光合成による独立栄養のほか，バクテリアや原生生物などを食作用（ファゴサイトーシス）によって取り込み，エネルギー源または炭素源として利用することができる．

このような混合栄養を行う藻類は，系統的には黄金色藻，渦鞭毛藻，ハプト藻など二次細胞内共生によって葉緑体を獲得した系統群で多く見られ，これらの生物が葉緑体の獲得をもたらした食作用を，葉緑体の獲得後も維持していることを示している．このような混合栄養は，貧栄養な環境下にある外洋や湖沼の生態系や，高緯度域や海氷下のように暗黒環境が長く続くような環境下で，生態的にとりわけ大きな意義をもっていると考えられている．

一方，「混合栄養」は光合成生物が炭素源を光合成による炭酸固定に加えて，外部環境から吸収することで獲得する場合（オスモトロフィー）も含める場合があるが，このような栄養様式は単細胞の藻類では広く見られるほか，多細胞体制の海藻類でも知られている．たとえば，アオサ藻綱のイワズタ *Caulerpa* の仲間は仮根を通して，糖やアミノ酸などを吸収することができる．また，一部の緑藻類は光が得られる環境下で，利用可能な無機態の炭素源が得られなくなったときにのみ，有機態の炭素源（炭水化物やアルコー

ルなど）を利用する光従属栄養とよばれる性質を示す。

## 4.4 海で生きる光合成生物 —— 沿岸環境への適応
### (1) 細胞壁の発達と多細胞化，組織分化と大形化
　葉緑体の獲得によって独立栄養が可能となった原生生物の一部は，主としてバクテリア，寄生性のツボカビ類，他の原生動物などからの防御のため，主に多糖類からなる細胞壁を進化させた。真核藻類の細胞壁の構造には類似性が認められるが，その獲得と進化はさまざまな系統で独立して収斂進化したと考えられる。

　多くの藻類の系統で陸上植物の細胞壁の主要な構成多糖であるセルロースが見られるが，セルロースを全く含まず，キシランやマンナン等を骨格多糖としている系統群も見られる。また，藻類の細胞壁では，骨格多糖以外に細胞間粘質多糖が重要な役割を果たしており，褐藻ではアルギン酸やフコイダン（フカンの一種），紅藻では寒天やカラギナンなどが大量に含まれている。これらの多糖類はさまざまな高次構造をとるが，これらの多糖を分解する能力をもった細菌類または動物は少なく，細胞の防御に大きな役割を果たしていると考えられる（表4.2）。

　余談であるが，我々もこれら海藻類の細胞壁多糖の分解の困難さの恩恵

表 4.2

| 系統群 | 細胞壁骨格多糖 | 細胞間粘質多糖 | 貯蔵多糖 |
| --- | --- | --- | --- |
| 緑藻 | セルロース, $\beta$-1,3 キシラン, $\beta$-1,4 マンナン | 含硫酸キシロアラビノガラクタン, 含硫酸グルクロノキシロラムラン, 含硫酸グルクロノキシロラムノガラクタン | アミロース, アミロペクチン |
| 褐藻 | セルロース, ヘミセルロース | アルギン酸, フコイダン | ラミナラン |
| 紅藻 | セルロース, ヘミセルロース, $\beta$-1,3 マンナン, $\beta$-1,4 キシラン | 寒天 [Agar], カラギナン, ポルフィラン | 紅藻デンプン |

を，細菌類の培養に用いられる寒天培地や，海藻類や海草類の抽出物から作られたダイエット食品という形で日常的に受けている。

　真核光合成生物における細胞壁の獲得進化は，はじめ細胞の防御が目的であったと考えられるが，その副産物として細胞内外の浸透圧差から生じる膨圧により細胞を大形化することにも貢献している。細胞を大形化することは，摂食に対する防御，より効率的な光受容のための細胞表面の確保，物質輸送の効率化，細胞の増殖に必要な物質や光合成産物等の貯蔵物質の蓄積などにおいて有利である。

　海産緑藻類（アオサ藻類）では，多細胞化によらず，多核嚢状体化することによって大形化した系統群が多く見られ，大きなものでは一つの個体（細胞）が，管状のものでは長さ1mを超え（イワヅタ類），また球状のものでも直径数cmを超える（バロニア類）。これらの種は細胞が壊れ，原形質が流出しても，高い修復・再生能をもっている（図4.3）。

　多細胞化した藻類では，高度の組織分化のためには細胞間の物質輸送が不可欠である。この機能を実現するものとして，紅藻類ではピットプラグ，褐藻類では原形質連絡（プラズモデスマータ）と呼ばれる構造が進化している。

　紅藻類のピットプラグは，細胞分裂時に求心的に形成される新たな細胞壁

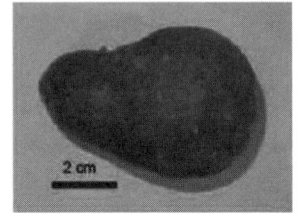

図 **4.3**　多核嚢状の体をもつ緑藻バロニア類（口絵参照）
一つの細胞の直径が数 cm に達する。

## 4.4 海で生きる光合成生物 —— 沿岸環境への適応

の中央部に作られる栓のような構造で，これによって細胞どうしを仕切るとともに物質の輸送または情報の伝達を行う役割を果たしていると考えられている。ピットプラグは，通常の分裂のみならず，隣り合う細胞が二次的に結合する場合にも二次ピットプラグと呼ばれる構造が形成され，藻体の物理的な強度を高め，情報の伝達や物質輸送をバイパスすることで効率的にする効果をもっていると考えられる。ピットプラグはまた果胞子体形成と呼ばれる紅藻類で独特の生殖様式の発達や，寄生藻類の進化にもかかわっている。アオサ藻綱では，一般にこのような構造は認められないが，陸生藻であるスミレモ目の仲間は例外的にシャジクモ藻綱や陸上植物で見られるようなプラズモデスマータをもっている。

一部の海藻類では，維管束植物の師管のような，光合成産物などの能動輸送を行う組織が分化している。たとえば図 4.4 に示すように，褐藻類コンブ目では葉状部の内部にトランペット形細胞糸と呼ばれる細長い細胞がみられ，細胞間には篩板構造（sieve element）とよばれる発達したプラズモデスマータを有する。

数メートルを超える大形の藻体を作る褐藻類では，光合成のための光の獲

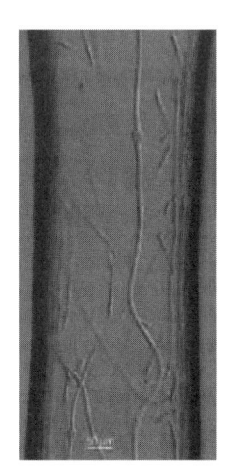

図 **4.4** 褐藻コンブ類におけるトランペット形細胞糸
陸上植物の師管に相当し，数十メートルを超える藻体での，光合成産物の効果的な輸送を実現している。

得において有利な水面近くに藻体を維持するため，気胞（bladder, pneumatocyst）と呼ばれる浮き袋のような構造が発達しているか，藻体全体が浮き袋の機能を果たす場合がみられる。これによって，海藻類は陸上植物の木部のような堅い構造をもたずに，種によっては20 mを超える高さの藻体を海底から直立させている。

このように，浮力をもった状態で藻体が大形化することにより，海藻類はより深所に分布を広げることが可能になり，藻場（もば）とよばれる，森林のような生態系が水中に発達することになった。発達した気胞を進化させたのは，ほぼ褐藻類に限られているが，褐藻類の中ではコンブ目やヒバマタ目など複数の系統で収斂進化している。

## (2) 生活史の多様化

多くの藻類，特に大形藻類は複数の世代が交代する生活史型を示すが，複相世代（胞子体）と単相世代（配偶体）が独立しており，両者がほぼ同じ形状を示す場合を**同形世代交代**，顕著に異なる場合を**異形世代交代**と呼んでいる。

緑藻類，紅藻類，褐藻類は，それぞれ進化的には独立して多細胞化・大形化しているが，いずれの系統群でも同形の世代交代に加えて異形の世代交代がみられ，季節的な環境変化の見られる海域への分布拡大などに伴って収斂的進化が起こった結果と考えられる。また陸上植物の進化において，コケやシダのように両世代が独立している生活史型から，被子植物のように一つの世代が退行してもう一つの世代の中に埋め込まれる形で進化が起こり，見かけ上世代交代がない生活史型も認められる。具体的には褐藻類では，アミジグサ目などの祖先的な系統群では同形の世代交代だけしか認められないが，より進化した系統群では異形の世代交代（コンブ目など）が出現し，またいくつかの系統群で世代交代を失う収斂進化が起こっている（ヒバマタ目など）。

**紅藻類**では，胞子体と配偶体の間で交代する異形の世代交代に加えて，雌性配偶体の上で，雌性の生殖細胞（卵）が受精後，雌性配偶体の栄養細胞と

## 4.4 海で生きる光合成生物 —— 沿岸環境への適応

融合し，その栄養分を利用し，寄生的な多細胞の組織（果胞子体世代）に発達し，多数の複相の生殖細胞（果胞子）を生じるという特異な生活史型が進化している。このような生活史型は三つの世代が認められることから三相の世代交代と呼ばれているが，紅藻類が精子に鞭毛を有せず，運動性が乏しいことを補う役割を果たしていると考えられる。

**緑藻類**でも同形世代交代（アオサ類など），異形世代交代（ヒトエグサ類など）が見られるが，複相の世代だけが見られるもの（ミル類など）や，細胞学の実験生物としてよく知られるカサノリのように特徴的な核分裂やシスト形成を行う場合も見られ（後述），多様な生活史型が進化している。

**海藻類**は一般的には海底の岩や，石，貝殻，他の動植物の表面などに着生するが，他の海藻類などの組織の内部に潜り込む内生藻や，貝殻などのカルシウムを溶解し，内部に侵入する穿孔藻などが知られている。

内生藻としては，例えば，アオサ藻綱モツレグサ類（*Spongomorpha* spp.）では配偶体世代は分枝糸状で岩などに着生しているが，胞子体世代は単細胞の球形（*Codiolum*-stage）で，他の海藻類の組織の中に潜り込んで生活している。同様に，褐藻コンブ目でも小形世代である配偶体が，他の海藻の組織に内生している例が知られている。

また，紅藻アマノリ類では複相世代は *Conchocelis* と呼ばれて，貝殻などの内部に穿孔して生育する。これらの種の多くは，異形の世代交代を示し，それぞれの種の生育にあまり適さない季節を小形の世代で内生藻や穿孔藻として越していると考えられる（図4.5）。

一方，単細胞性の藻類の場合，他の動物などの細胞や組織に共生または寄生する例もしばしば見られる。例えば，シアノバクテリア類（プロクロロンなど）は原索動物（ホヤ類）に共生するものが多く報告されている。また，渦鞭毛藻類ではゾーキサンテラ（zooxanthella，褐虫藻）のように有孔虫類，放散虫類，扁形動物，刺胞動物（クラゲ類，サンゴ類），二枚貝類などさまざまな無脊椎動物の組織に共生する。なかでもサンゴに共生するものは，サンゴ礁生態系の一次生産において重要な役割を担っている。この場合，渦鞭毛藻類の光合成産物のうち，アルコールやアミノ酸などの低分子量の物質が

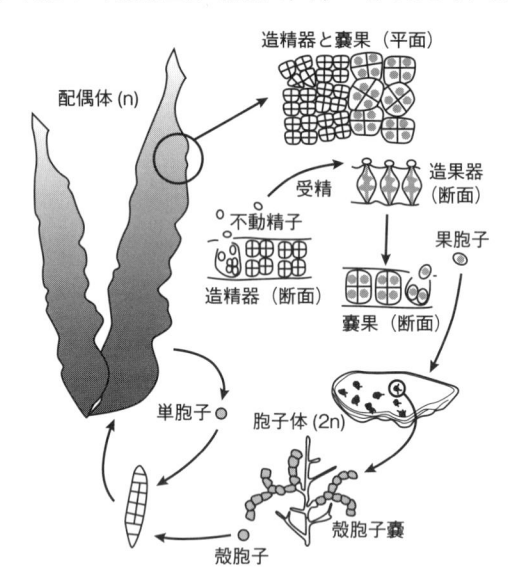

図 4.5 紅藻アマノリ類の生活史
温帯域では一般に冬季に大形の体を作る配偶体（食用になるノリ）が発達し，夏季は貝殻の中に潜って糸状の体（胞子体，コンコセリス期ともよぶ）で過ごす。

動物側に放出され，利用されている．また，原生動物では繊毛虫（ゾウリムシ）の細胞内に共生する緑藻クロレラは，細胞内共生に関するモデル生物として古くから実験に用いられている．

**寄生性の藻類**は，単細胞のものではやはり渦鞭毛藻がさまざまな宿主に寄生するものが知られており，宿主は原生動物，甲殻類（コペポーダ類），刺胞動物，魚類などさまざまな生物群に及び，多くの場合葉緑体は退化している．また，マラリアを引き起こす病原生物であるマラリア原虫（*Plasmodium* spp.）も進化的には渦鞭毛藻に由来し，二次的に葉緑体を失ったことが明らかになっている．

海藻類では，寄生性のものは緑藻類（アオサ藻類）と褐藻類ではまれであり，褐藻では南半球に分布する褐藻の中間であるドゥルビレア（*Durvillaea antarctica*）に寄生する一種（*Herpodiscus durvillaea*）だけが知られている．一方，紅藻類ではさまざまな目に属する50種以上の種が報告されており，葉緑体を保持するものからほぼ白色化したものまでさまざまな段階の種が見

## 4.4 海で生きる光合成生物——沿岸環境への適応

られる。

　これらはいずれも，紅藻類の二次ピットプラグ形成を伴う細胞の結合を介して寄生が成立しており，また寄生藻は分類上，宿主の種ときわめて近縁であることが，形態学的な研究と分子系統解析から明らかになっている。このことは，紅藻類における特徴的な生活史型である，果胞子体世代が母藻から独立する形で寄生藻に進化したと解釈されており，ほとんどの場合，系統的には寄生藻はその宿主と最も近縁である。しかし，一部の寄生藻の種では最も近縁な種には寄生せず，系統的に少し離れた種を宿主としている例も報告されている。

### (3) 有性生殖様式の多様化

　単細胞性の生殖細胞が有性生殖（受精）をおこなう様式は系統群ごとに特徴が見られる。たとえば，クラミドモナスなどの緑藻類では雌雄の配偶子の細胞前端に接合管とよばれる突起を形成して，細胞の前端同士で接合するが，アナアオサのようなアオサ藻類では細胞の側面で融合することによって受精する。一方，生殖細胞が鞭毛をもたず遊泳しないミカヅキモでは，接合する一対の細胞のうち，片方の細胞の細胞質がもう一つの細胞に移動し，融合することで接合が起こる。これらの有性生殖過程には，さまざまな性誘因物質（性フェロモン）が関与していることが知られている。

　また不等毛藻類については，黄金色藻，中心珪藻，褐藻などでは，雌性配偶子（または卵）から放出される性誘因物質によって雄性配偶子（精子）が誘引されることで有性生殖がおこる。

　このうち，褐藻類で10余りの性誘引物質が同定されており，それらは比較的単純な構造をした，多くは疎水性の炭化水素であることが示されている。また，コンブ類の場合には，成熟した精子の精子嚢の放出も同じ性誘因物質をシグナルとして引き起こされ，有性生殖の効率を高めていることが知られている。

　藻類の遊泳細胞の多くはもともと**光走性**（現在は，用語としての「走光性」は使わない）を示すが，有性生殖にともなう化学走性の反応と，光走性

の反応を比較すると，一般に光走性反応の方が刺激に対する反応性が高い。このため，一部の藻類（アオサ類など）では光走性反応を雌雄の配偶子が水面付近に集合するためのシグナルとして用いて，その後，接合反応が進行するようになっている。一方，褐藻類などの場合は光による刺激が接合反応に対してノイズとなると考えられることから，複数の系統で精子が光走性を失う形の進化が起こっている。

### (4) 遊泳細胞の化学走性と光走性

いわゆる植物プランクトンや褐藻類や緑藻類の生殖細胞のように，比較的高い運動性をもっていることが水圏の光合成生物の多くに見られる特徴である。これは，水中という，植物体が重力の影響を受けにくく，運動性を維持しやすい環境であることと，水深が少し異なるだけで光環境が著しく変化する環境であり，好適な環境へ移動する能力を維持することが生存のために不可欠であることとも関係している。

このため，ほとんどの藻類は何らかの光応答反応を示す。なかでも生殖細胞がいったん着生するとその後の移動が行えない海藻類では，比較的短時間の遊泳時間のうちにその後の生育に適した場所に着生することが重要であり，このため海藻類の生殖細胞は顕著な光走性を示すものが多い。

真核光合成生物（藻類）の光走性は系統群ごとに大きな多様性が認められる。これはそれぞれの藻類が葉緑体を獲得する以前の従属栄養の状態（原生動物）においても走光性は紫外線回避などの一定の役割はあるが，混合栄養または独立栄養に移行して，その役割が飛躍的に大きくなったと考えられる。したがって，葉緑体の獲得以後に特に高度化した機能であり，系統群毎に独自の進化をとげた。

藻類の細胞が光走性を実現するためには，一般に，
1) 光の強さ，方向などを検知し，
2) その信号を運動装置に伝え，
3) 光の方向へ泳いだり逃げたりするメカニズム

が必要である。このうち1) には，光のエネルギーをとらえ信号とする光受

容体と光の方向などを正確に把握するための構造が必要である。このため光走性を示す藻類の細胞は，通常細胞表面に局在する光受容体と，光の方向を検知するための構造をもっている。これらの構造は**眼点**とよばれる部分またはその付近にある鞭毛の一部の特別な構造（あるいはその両方）であるが，ここでは両者をまとめて**眼点複合体**とよぶ。眼点複合体は光の方向を効果的に検知するという目的が共通することから，その外観などに類似性が認められることが多いが，詳細には系統群ごとに大きく異なっている。

　眼点複合体のもっとも目につく構造は，狭い意味での眼点であり，ほとんどの場合カロテノイドに富む顆粒が集合してできているが，その名前にもかかわらず実際に光を検知する部分とはかぎらない。眼点複合体は，細胞の遊泳方向の軸に対して側面に位置することが多い。これはほとんどの藻類の細胞は遊泳時に細胞が規則的に回転するため，光が細胞の側面や斜め前方向から当たっている場合，眼点が光の照射によって間欠的に照射されることで，信号を作り出しているためであると考えられる。これら眼点複合体の位置は細胞表面を走る微小管からなる鞭毛根によって決められており，鞭毛基部装置または鞭毛の運動の方向と密接な関係にある。

　たとえばクラミドモナスなどの緑藻類では，眼点を構成する顆粒が葉緑体の表面近くに一層から数層に規則的に配列している。この場合，実際に光刺激を感じる受容部位は眼点の表面にあり（緑藻類ではレチナールが光受容色素であることが示されている），眼点は刺激光を反射し受容部分に集中させる反射鏡の役割を担っている。また，眼点顆粒が数層をなしている場合には，干渉により刺激光が増幅されることが示されている。

　一方，褐藻類では葉緑体内に規則的に並んだ眼点顆粒と，それと向かい合う位置の鞭毛基部付近にある膨潤部から構成されている。眼点は凹面鏡のように刺激光を反射し，鞭毛の基部付近に集める役割をしている。この部分にはフラビンやプテリンのような蛍光物質が含まれており，この部位が光受容部位であると考えられている。

　また，ミドリムシ藻では不規則な大きさの眼点顆粒が鞭毛基部に近い細胞質にあり，眼点は実際の光受容の場所である鞭毛基部に対して刺激光を遮

機能をもっている．また，ミドリムシ藻では長鞭毛基部の鞭毛膨潤部に局在する光活性化アデニル酸シクラーゼ（PAC）が光受容に関わっていることが示されている．

そのほかにもクリプト藻，渦鞭毛藻など藻類のさまざまな系統群が独自の光走性のメカニズムを進化させてきたと考えられるが，多くの場合，その光受容色素の種類をふくめて詳細についてはわかっていない．

## 4.5 湖沼・河川環境への適応

### (1) 水草の進化と多様化

海で起源した藻類は，水中生活という生活様式は変えずに淡水域（陸水域）へと進出し，淡水藻類へと進化した．さらに淡水藻類から進化したコケ植物，シダ植物，種子植物は陸上で多様な生態を展開してきたが，その植物たちが適応放散の過程で，再び湖沼や河川などの淡水域に生活圏を広げて進化したのが水草（水生維管束植物）である．また，一部の植物群は海にも進出して海草となった．

淡水域には，湖沼や河川に代表される自然水域からため池や水田のように人間が作った水域まで含まれる．これらの環境は，山間の貧栄養水域から平野部の富栄養水域，海水の影響を受ける汽水域まで，水質だけを考えても多様である．また湖のような止水域と河川のような流水域のように，水流の有無によっても環境条件は大きく異なる．ここでは水草を対象に，多様な適応の一端を紹介しよう．

### (2) 光合成における炭酸利用

水草の生育を規定する環境条件として，水質，とくに窒素やリンなどの栄養条件の重要性は古くから認識されていた．湖沼は栄養塩濃度によって富栄養，中栄養，貧栄養と分類されるが，栄養条件によって生育する水草の種類は異なっている．

栄養塩環境とは別に，水中の炭酸条件も水草の成長の制限要因になってい

る。葉を水面に浮かべる浮葉植物（ヒシやスイレンなど）や葉を水面上に伸ばす抽水植物（ヨシやマコモなど）は空気中から気孔を通して二酸化炭素を吸収するので，光合成の基本的仕組みは陸上植物と変わらない。しかし，オオカナダモやクロモのように，植物体全体が水中にある沈水植物では，気孔から二酸化炭素を吸収して光合成を行なうことはできない。二酸化炭素は水によく溶けるため，炭酸条件が水草の成長の制限要因になることはないと考えられてきたが，実はそうではないこと明らかになってきた。

二酸化炭素は水に溶けると，遊離炭酸（$CO_2$）として存在するだけでなく，重炭酸イオン（$HCO_3^-$）や炭酸イオン（$CO_3^{2-}$）という形を取る。その割合はpHに依存し，多くの湖沼や河川が示す中性からアルカリ性の水中ではほとんどの炭酸が重炭酸イオン（$HCO_3^-$）や炭酸イオン（$CO_3^{2-}$）として存在する。水のpHは水中の沈水植物や藻類が光合成をすると大きく上昇するので，そのような水中では遊離炭酸はほとんど存在しないに等しい。

このため水草，とくに沈水植物にとって炭素源を効率よく利用する適応の一つが，遊離炭酸ではなく重炭酸イオンを光合成に利用するというという性質の獲得である。1940年代の先駆的な研究によって，沈水植物が重炭酸イオンを利用して光合成を行っていることが明らかにされていたが，1980年代以降，維管束植物の沈水葉や水生のコケ植物などでも重炭酸イオンが利用できない種があることや，種によってその利用効率に差があることが明らかになってきた。このような重炭酸イオンを光合成に利用できない種は，遊離炭酸が卓越する酸性の水域にしか生育できないことになり，その生育場所が制限されることになる。

このように，水中生活では炭酸条件が光合成，ひいては成長の重要な制限要因になるが，重炭酸イオンの利用とは別に興味深い光合成の仕組みをもつ水草が発見された。

CAM（Crassulacean Acid Metabolism，ベンケイソウ型有機酸代謝）植物といえば，夜間に気孔を開けて$CO_2$を取り込み，それを細胞内の液胞に有機酸（おもにリンゴ酸）として貯え，光のある昼間に，有機酸から$CO_2$を生成して光合成を行う植物のことである。これは砂漠のように，水分が慢性

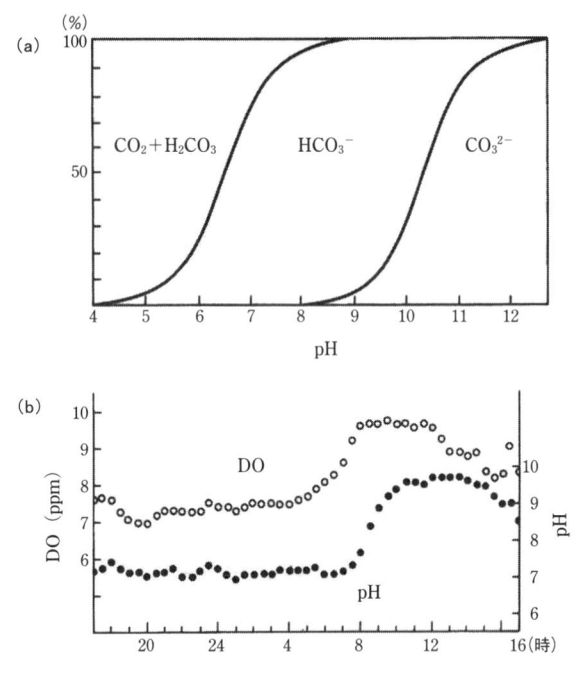

図 4.6 (a) 水中の pH と炭酸の存在様式，(b) pH の日変化

的に不足している環境で進化した特殊な光合成様式であり，昼間に気孔を閉じることで蒸散による水分の消失を低く抑える適応と考えられてきた。ところが，水不足のないはずの水草においても CAM 植物が見つかったのである。

一般に，貧栄養水域は全炭酸量が少ない。そのような水域に特徴的に生育する水生シダのミズニラ属の1種で，夜の間に細胞内のリンゴ酸の量が大幅に増え，これが昼間に減少することが発見された。その後，ミズニラ属以外の沈水植物でも同様の事実が報告され，光合成回路に関する研究から CAM 植物に間違いないことが確認された。ミズニラ属の中にも CAM 植物とそうでない種類が存在することから，このような適応はそれぞれの系統で複数回進化したと考えられる。乾燥への適応と理解されていた光合成の様式が，光合成に必要な炭酸源を十分に得られない貧栄養水域への適応としても進化してきたのである。

4.5 湖沼・河川環境への適応

## (3) 水草の形態とその可塑性

　水中での光合成に対する適応は，沈水葉の形態にも見られる。水面に浮かび光合成のための光が十分得られる浮葉に比べ，水中ではプランクトンなどによって光が吸収されるため光条件が悪い。そのため沈水葉では光合成によって生活できる光量の限界である光補償点が低く，また光飽和に達する光強度も低い。陸上で生活する植物の葉や水草の浮葉は，柵状組織と海綿状組織に分化していて厚いのに対し，沈水葉は葉が数層の細胞層からなる薄い構造で光の透過性が高いだけでなく，表皮細胞に多くの葉緑体が存在することで水中の弱光を有効に利用できるように適応している。

　また水中は陸上に比べ酸素濃度が低く，十分な酸素の確保も水草が直面する問題である。水中茎や地下茎の断面をみると空隙（通気組織）が発達していることは多くの水草の共通した特徴であるが，これらの空隙が酸素を貯えたり，運んだりする役割を果たしている。空気中から直接酸素を取り入れられるように呼吸根を水面まで伸ばす植物もある。水草の生育する底質は無酸素もしくはそれに近い条件になりやすい。このため嫌気呼吸をして耐える種も知られているが，水面の葉が気孔から吸収した酸素や光合成で生産した酸素を積極的に地下部に送る酸素ポンプが発達する例も知られている。

　水草が生育する湖沼や河川では，季節による降雨量のちがいなどによって水位は変動し，浅い水域に生育する植物は，渇水時には干上がるという状況にもさらされる。そのような水位の変動によって水中から空気中に，あるいはその逆の状況におかれたときに，多くの水草が形態を変えて生き続けることができる。すなわち水中葉が気中葉あるいは陸生葉に変化するのである。

　水中の葉は，表皮細胞から拡散によって酸素や二酸化炭素を吸収するために重量あたりの表面積比が最大になるように，細く繊細な形態を取るのが一般的であり，気孔も欠く。しかし，空気にさらされると，肉厚で幅広く，表面はクチクラ層に覆われた気中葉に姿を変える。表皮にはたくさんの気孔も分化する。このように形態の異なった葉が可塑的に形成されることを**異形葉**（異葉性）と呼ぶ（図4.7）。

　異形葉形成のメカニズムについては，植物ホルモンのレベルではかなり解

図 4.7　キクモの異形葉。左：水中葉，右：気中葉

明されている。気中では葉細胞中のアブシジン酸（ABA）の濃度が増し，これが気孔や葉の組織分化を誘導する。逆に水没してエチレン濃度が増加すると沈水葉が形成される例がいくつかの異形葉形成で報告されている。そのほかにも二酸化炭素濃度や水中の光の波長組成が異形葉の誘導に関与しているという例も知られている。

**(4) 多様な繁殖生態の進化**

　水草では，有性生殖よりも無性生殖（栄養繁殖）が卓越することがよく知られている。たとえばカナダモ類の植物体の断片からの再生（切れ藻），ウキクサの葉状体の分裂，ヨシやホテイアオイのように地下茎や走出枝を伸ばして次々と新しいシュートや子株，孫株を作って広がるなど，水草の無性繁殖様式はさまざまである。地下茎の先端に形成される塊茎や鱗茎のほか，シュートの先端に養分を貯えて親植物から離脱して広がる冬芽もある。これらは栄養繁殖とともに越冬器官としての役割を果たし，殖芽（turion）と呼ばれる。

　有性生殖を行う植物の交配様式には他家受粉と自家受粉があるが，水草では自家受粉をしている種（自殖性の種）が多く知られている。タヌキモの仲間は，左右対称のきれいな花をつける。このような花の形態は，ラン科植物に典型的であるように虫媒花として進化してきたと考えられているが，日本産のノタヌキモやイトタヌキモは自動自家受粉（おしべの葯が動いてめしべ

の柱頭に接触する）の仕組みをもっている。

　自家受粉をより確実に行う**閉鎖花**を形成する水草も少なくない。閉鎖花というのは，花びらが開くことなく（花びらそのものが退化している場合もある）閉じたままで自家受粉して結実する花である。直径1m以上の巨大な浮葉を水面に浮かべるオニバスでは，花のほとんどが水面上に姿を現すことなく結実する閉鎖花で，**開放花**はほとんど結実しない。これがさらに特殊化すると，花弁も退化した完全な閉鎖花になる。

　閉鎖花は自家受粉によって結実するので，子孫を確実に確保するという観点からは有利である。閉鎖花の発達した水草には，かつての氾濫原湿地のように環境変動の大きな平地の水域を主要な生育場所としている種が多い。このような不安定な環境の中では，少ない投資でいちはやく結実を保証しておくことが重要であるが，開放花と閉鎖花の形成がどのような仕組みによってコントロールされているかについてはよくわかっていない。

　一方，確実に他家受粉を行う仕組みを維持している水草も存在する。図4.8に示すように，スイレン科やハスの花で典型的に見られる雌雄の成熟す

図**4.8**　スイレン科ジュンサイでみられる**雌雄異熟**（口絵参照）
a 開花1日目の雌しべが成熟した花，b 開花2日目以降のおしべが伸びた花。
この仕組みにより自家受粉を回避していると考えられる。

る時期のずれ（雌雄異熟）や，ミツガシワ科の水草やホテイアオイなどで知られる異型花柱性（めしべが長くおしべが短い長花柱花と，めしべが短くおしべが長い短花柱花が存在し，異なった花型間での受粉によって結実する）は自家受粉を避ける仕組みである．

　有性生殖の仕組みで水草独自の進化を遂げたのは受粉様式である．多くの種が陸生植物と同様の風媒や虫媒を維持している中で，水環境に適応した水媒を獲得した水草がある．水媒には水面媒と水中媒がある．セキショウモの雌花は花茎を伸ばして水面で開花する．そこへ水面に放出された雄花が浮遊して漂いつき，表面張力で吸い寄せられて受粉が起こる．これは水面媒の一例である．ごく最近，本書の著者である小菅や三村らによって，セキショウモの仲間のネジレモでは，雌花の花茎が回旋運動を起こし，雄花を集めて受精することが報告された．これは，受精に風も波も必要としない極めて積極的な受精方法であると考えられる．

　水中媒は雄花も雌花も水中にあって，花粉は水中に放出され，それが漂って雌花にたどり着くと受粉が起こる．花粉が雌花にたどり着く確率を高めるために，花粉が数珠状につらなって絡みやすくなっているアマモや，雌花の先がラッパ状に開いて花粉が吸い込まれやすくなっているイトクズモのような例があるが，水中に散布された花粉がどうやって雌花にたどり着くのかよくわからない場合も多い．花粉を誘導する未知の仕組みが存在するのかもしれない．

### ＜参考文献＞

「藻類の多様性と系統」千原光雄編　裳華房，1999
「藻類30億年の自然史」井上勲著　東海大学出版会，2007

# 5章

# 陸上環境への適応と，環境シグナルの受容

　光合成生物が地球上で繁栄することができた理由の一つに，植物が進化の過程で生活範囲を水中から陸上へ広げたことがあげられる。陸上は，水中とは光環境が異なり，光合成を効率良く行うための新しいシステムの獲得が必要となった。また，乾燥，温度といった環境ストレスも，水中とは比べものにならないほど大きい。さらに，陸上には水中ほど浮力がないため，植物は重力の影響を強く受ける。したがって，水中から陸上へ生活範囲を広げた光合成生物は，これらの環境に耐えられる構造と機能をもつようになったと考えられる。この章では，陸上での植物の生活を支えるメカニズムとして，光，乾燥，温度，重力といった水中生活からの環境変化にどのように適応していったか，またそれらの環境情報をどのように受容しているかについて説明する（図5.1）。

## 5.1　光合成のための光環境の認識

　光合成に第一義的に重要な過程は，光エネルギーの吸収であり，クロロフィル（と一部の色素）がその任にあたることは第2章に詳しい。クロロフィルは，個々の分子種に若干のずれはあるが，固有の光吸収特性をもち，主に可視光の中で，青色領域と赤色領域に，その吸収極大があることが知られている。

　一方，植物が生育しているさまざまな環境において，光はいつも十分だ

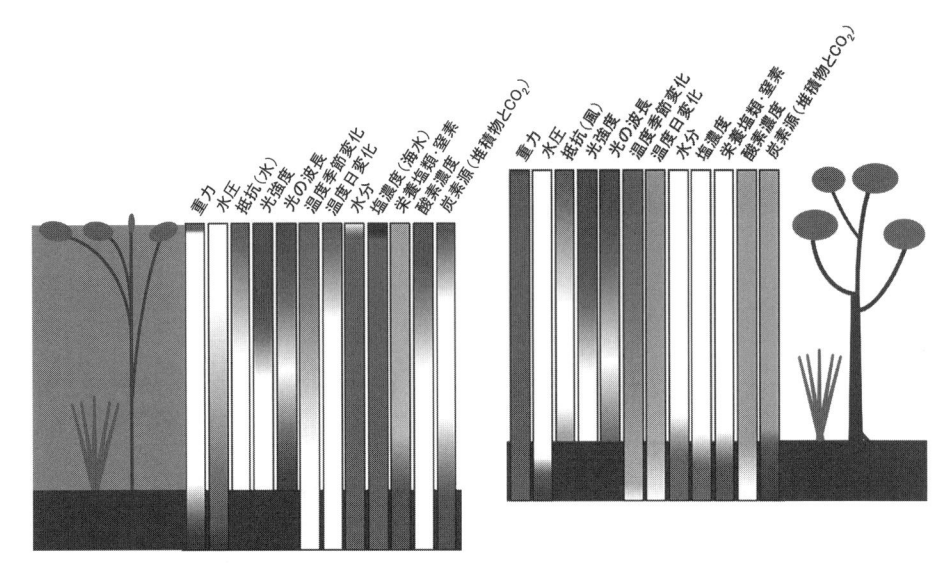

**図 5.1　水環境（左下）と空気中（右上）（口絵参照）**
水中では深さに応じて水圧が増加する．水深に伴う波長の分布は光合成に有効な光が下部に行くほど減少する．水は比熱容量が高く，水温の日変化が起こりにくい．水中では状況に応じて，植物体周囲の栄養塩類や塩濃度が変化するが，土壌の堆積物が多く，炭素や窒素に富む．水中では陸上のような乾燥による影響はないが，気中に比べて二酸化炭素や酸素の拡散速度が $10^{-4}$ 倍と非常に遅く，生存に影響を及ぼす．

け来るとは限らない．そもそも，太陽光は上から来るものであるから，光合成をするためには上に向かって成長することが重要となるが，これは地球の重力に反した行為であり，大形の海藻のように浮力による支えを受けることができない陸上植物では，上に伸びれば伸びるほど，個体の安定性が失われる．さらには，光はいろいろなものにさえぎられることから，必ずしも自分の育っている環境で上からだけ来るわけではない．そのため，光が実際にはどの方向から来るのかを認識する必要がある．

　また，光の強さが強すぎる場合は，光傷害（すなわち日焼け）が発症することから，強い光を回避することも必須である．

　こうして，植物は光合成のために光を受けることが重要ではあるが，実際には，どんな波長と強さの光が，どの方向から来るのかを認識することが必

## 5.1 光合成のための光環境の認識

要となった。

　光合成生物は，自分が光合成を行うために必要な環境を自分の周りに整えるための様々な機構を進化させてきた。ここでは，それについて説明する。

### (1) 光情報の受容

　まず，光の情報をどのように取り入れるかである。光合成を行うのに必要な光を取り入れるのだから，クロロフィルが光情報も処理することが，最も簡便かつ実情にかなっているように思われる。しかし，クロロフィルが必要とするのは光エネルギーであるが，光合成環境を整えるのは波長や強度などの光情報である。クロロフィルがエネルギー吸収分子として働き，かつ同時に情報受容分子として働くことは，必ずしも理にかなっていない。これは，クロロフィルにとって，自分が吸収した光エネルギー（光量子）を，エネルギーの利用に使用してよいのか，情報の利用に使用してよいのかを，クロロフィル分子がその場で判断することが困難だからである。では，光情報の受容を担うクロロフィル分子を，エネルギー吸収に働く分子と別個に置けばよいという考えもできる。このような機構が進化しなかった本当の理由はよくわからないが，クロロフィル合成系において，合成したクロロフィルを，光エネルギー受容に振り向けてよいのか，光情報受容に振り向けてよいのかを判断しなければならないという問題が生じるのであろう。

　ようするに，一つのシステムに複数の機能を与えると，一見効率が良いように見えるが，実際には，そのシステムを効率的に動かすための複雑な調節系が必要になり，かえってむだが多いということだと思われる。

　それでは，植物はどのように光情報を受容しているのであろうか。最終的には光合成環境を整えることが目的であるから，クロロフィルによる光吸収に都合のよい環境の確立が必須である。クロロフィルの光吸収は，主に青色領域と赤色領域で行われる。

　陸上植物は，この二つの光領域の情報を別々の分子で受容するシステムを作りあげた。それが，青色光受容に働く**クリプトクロム**と**フォトトロピン**であり，赤色光受容に働く**フィトクロム**である（図 5.2）。

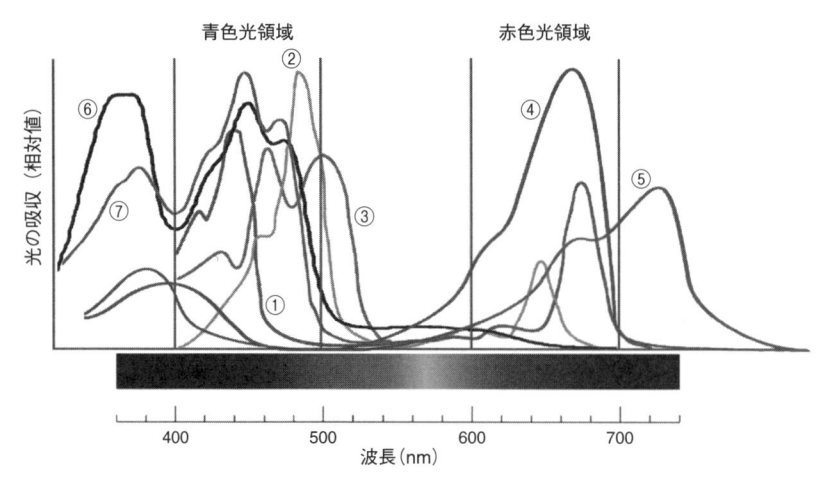

図 5.2 太陽光スペクトルと，陸上植物の光反応に関わる光受容体の光吸収スペクトル
（口絵参照）
光合成色素 ─ ①：クロロフィル a，②：クロロフィル b，③：カロチノイド
赤色光反応を司る色素 ─ ④：フィトクロム（$P_R$ 型），⑤：フィトクロム（$P_{FR}$ 型）
青色光反応を司る色素 ─ ⑥：クリプトクロム，⑦：フォトトロピン（LOV ドメイン）

## (2) 赤色光反応を司るフィトクロム

　種子が光環境下で発芽することを誘導する**光発芽**，発芽環境や生育環境下において，周囲にある植物が光合成に必要とする光を吸収してしまうことで，周りの光環境が遠赤色光領域に偏ったことを知る**被陰反応**，さらには，冬が近づいて光合成環境が悪化し，生殖活動に入るべきことを知るための**光周性**などは，すべてフィトクロムによって，制御されていることが知られている。

　**フィトクロム**は，発色団としてのフィトクロモビリンがタンパク質に共有結合した色素タンパク質である。カビや細菌類のフィトクロム（細菌のフィトクロムはバクテリアフィトクロムとも呼ばれる）の発色団はビリベルジンであり，シアノバクテリアのフィトクロムの発色団はフィコシアノビリンとビリベルジンが知られている。フィトクロモビリンは，ポルフィリンの開環したテトラピロール構造をしており，クロロフィルの生合成経路を途中まで共有する。

5.1 光合成のための光環境の認識

光吸収の波長依存性もクロロフィルと似た性質をもっていて，進化的にはクロロフィルと共通の祖先分子をもつものと考えてもおかしくはない。クロロフィルがエネルギー吸収に機能し，フィトクロムが光情報の処理に特化したということだろう。

フィトクロムは，クロロフィルと同様に青色領域と赤色領域に吸収極大をもつが，一般には，赤色光の吸収によって，赤色光領域の吸収極大（$P_R$ タンパク質の性質）が遠赤色光領域（$P_{FR}$ タンパク質の性質）に変化し，次に遠赤色光を吸収することで，またもとの赤色光領域に変化するという光スイッチ（$P_R \Leftrightarrow P_{FR}$ の相互変換）としての性質をもっていることで著名である。

シロイヌナズナなどを用いた分子生物学的解析から，赤色光を吸収したフィトクロムは細胞質から核に移行し，C末端のキナーゼ様（タンパク質リン酸化酵素様）ドメインの働きにより，核内で遺伝子発現の転写制御因子として働くことが明らかにされてきた。

核内に移動したフィトクロムによって活性化された遺伝子群により，光合成に有効なさまざまな生理現象が発現することが知られている。

原核生物であるシアノバクテリアや細菌類にもフィトクロムの祖先型色素バクテリオフィトクロムが存在し，細胞内での光に応答した情報伝達に働くことが知られている。フィトクロムは青色光領域にも吸収極大をもつが，この領域では $P_R$，$P_{FR}$ ともほぼ同じ吸収能をもつため，光スイッチとしての役割を果たすことはできない。

### (3) 青色光反応を司るクリプトクロムとフォトトロピン

**クリプトクロム**と**フォトトロピン**は，フラビン化合物を光受容体とする青色光吸収タンパク質である。いずれのタンパク質も，500 nm より長波長側では光吸収能をもたない。クリプトクロムに吸収された光は，光による成長調節などに働き，フォトトロピンによって吸収された光は，**光屈性**，**葉緑体の光運動**，あるいは**気孔開閉**などの情報に利用される。

クリプトクロムには，陸上植物だけでなく動物にも類似タンパク質の存在が知られ，DNAが損傷を起こしたときに，光エネルギーを利用してその損

傷部位を修復する光回復酵素として働くものもある。クリプトクロムタンパク質も、フィトクロムと同様、転写制御因子として働くと考えられている。

一方、フォトトロピンは、分子内にキナーゼ活性ドメインをもち、青色光に依存したタンパク質リン酸化酵素として働くと考えられている。生理反応に関与するさまざまなタンパク質をリン酸化することで、生体反応を誘導すると考えられている。フォトトロピンの直接のリン酸化ターゲットが最近明らかになりつつある。

藻類にも多彩な青色光反応の存在が知られている。たとえばクラミドモナスなどの微細藻類の光走性、フシナシミドロなどの光屈性成長、ヒバマタの卵の受精などは主に青色光によって制御される。近年、フシナシミドロからフォトトロピンと類似機能をもつ分子として**オーレオクロム**の遺伝子が単離された。これらの光受容体は、すべて同一の祖先遺伝子から進化したものと考えられる。

特に水中においては、可視光のうち赤色光やそれより波長の長い光は、すぐに減衰してしまうため、青色光や緑色光の働きが重要になると想定される。藻類の多くで、青色光による反応のほうが、赤色光による反応よりも多く知られているのは、この生育環境の条件の違いによると考えてもよいかもしれない。

シダ植物から単離されたフォトトロピン様遺伝子の構造が調べられ、その遺伝子ではN末端側はフォトトロピンの類似構造を取っていたが、C末端側ではフィトクロム類似構造を取っていた。この色素タンパク質は、フォトトロピンとフィトクロムの二つが結合して成立したものと考えられネオクロムと名づけられている。

緑藻の一種ヒザオリの葉緑体運動は、フィトクロムによって制御されていることが知られていたが、最近、この反応の光受容体がネオクロムであることが報告された。種子植物にはこの色素タンパク質は見出されていないが、光合成生物全体としては広く存在して、生理反応を司っている可能性がある。

## (4) 紫外線

ある波長の紫外線は，DNA や RNA などの核酸に吸収されることから，生物にとって有害に働く。このような有害な光を認識するための光情報システムも存在する。多くの植物では紫外線による障害を防ぐために，紫外線照射によりアントシアンなどの紫外線吸収物質が表皮細胞などで合成されることが知られている。

紫外線による光情報を認識する受容体は長らく不明のままであったが，ごく最近 UVB タンパク質（UVR8）が紫外線を吸収することで，多量体を形成して，遺伝子発現制御に機能することが報告された。このような紫外線情報の認識系は，多くの植物で知られているが，その環境認識機構や進化の解明は，今後の課題である。

## (5) 光情報処理

これまで述べてきたように，現在光合成植物がもつ赤色光や青色光を利用する光情報処理系は，紫外線情報処理系を除いて，いずれもクロロフィルの吸収波長を支える形で進化してきたものであり，光合成を効率良く進めるためのさまざまな生理反応を制御しているととらえることができる。フィトクロムとクリプトクロムは，どちらも遺伝子発現系の制御分子として働き，光形態形成や代謝制御に働くことが知られている。一方，フォトトロピンは，タンパク質のリン酸化や細胞内の $Ca^{2+}$ の濃度変化に関与し，遺伝子発現を介することなく，細胞生理機構調節系として機能する。

このように，遺伝子発現系を介した光情報処理系と，生理反応を直接制御する光情報処理系が並列することは，光合成を効率良く行う際に，刻々変化する光環境に即応する気孔開閉や葉緑体運動のような短期的処理機構と，比較的長い時間を必要とする形態形成などで光環境に適応していくための長期的処理機構の二つがあるものとして合目的的に考えることができる。

いずれの光情報処理系も全ての光合成生物に存在するが，さらにフィトクロムやフォトトロピンは，カビや細菌などの非光合成生物のゲノムにも存在し，クリプトクロムは，ヒトを含む動物ゲノムにも存在することを考える

と，光情報処理が光合成能と平行して進化してきたものかどうかは疑わしい。むしろ，地上に届く太陽光としての可視光領域を利用することが全ての生物に有効だったが，特に光合成生物にとっては，光情報の利用が光合成の効率に最も直接的に有用だったため，光情報処理システムが光合成の効率的利用系と結びついて成立したものと考えられる。

## 5.2 乾燥（水分）ストレスに対する応答
### (1) 乾燥環境で生きるということ

陸上で生きていくためには，乾燥に対応する性質をもつ必要がある。これは水中で進化した生命にとって非常に困難なことのように思える。しかし，陸上に生息する細菌（シアノバクテリアを含む），菌類，緑藻の中には，細胞が乾燥によって水を失っても再び吸水すれば生理機能を取り戻すものが存在する。こうした生物の存在は，細胞レベルでの乾燥耐性は容易に進化することを示している。おそらく，最初に陸上に進出した光合成生物は，細胞レベルでの乾燥耐性を進化させたシアノバクテリアや藻類だったのだろう。

その後，陸上に進出した植物は多細胞化し，コケ植物，シダ植物，種子植物へと進化を続けた。これらの植物でも，種子や花粉，胞子などは細胞レベルでの乾燥耐性をもっている。しかし，植物体全体が水を失っても枯死することのない植物は，コケ植物とシダ植物の一部にほぼ限定されている。たとえば岩の上に生育するシダ植物であるイワヒバは，乾燥が続くと水を失い葉が丸まってしまうが，降水があれば元のように葉を広げて光合成を始める。このように水を失っても元に戻る植物を変水植物とよぶことがある。

変水植物を除けば，一般に陸上植物は水を極端に失うと枯死してしまう。陸上植物は生きている限り，ほぼ一定の含水率を維持し続けるため，恒水植物とよばれることがある。陸上では，乾燥という問題がありながらも恒水植物が多いことは，陸上植物が乾燥を避けるためのさまざまな性質を進化させてきたことを示している。

陸上植物は葉の表面に炭化水素でできたクチクラを発達させている。これ

## 5.2 乾燥（水分）ストレスに対する応答

は疎水的であり，水や水蒸気を通す能力は低い。また，茎の皮層はコルク質でできており，これも水を通しにくい性質をもつ。このように水を失いにくい構造をもつことも，乾燥による枯死を避けることに役立っている。

　このような構造があったとしても，恒水植物が一定の含水率を維持し続けることは容易なことではない。植物が光合成を行うためには気孔を開く必要がある。気孔からは$CO_2$が葉内に拡散すると同時に，水蒸気が大気中に出て行く。これを**蒸散**とよぶ。1 g の有機物を光合成によって合成するとき，場合によっては 1000 g もの水蒸気が蒸散によって失われる。蒸散によって失われる水を土壌中から安定して吸水し続けることこそが，陸上植物が乾燥による枯死を避けながら成長するために必要な性質である。最近の研究から，気孔のような孔構造は水を植物体から蒸発させるために進化してきた構造であり，光合成のために二酸化炭素を取り入れる機能は，後から得られた可能性が示唆されている。

　土壌からの吸水は，葉肉細胞の**水ポテンシャル**（その環境において水分子がもつエネルギーレベルを示し，水の活動度や水分子にかかる圧力によって決定される）の低下によっておきる（図 5.3）。土壌に含まれる水が根と茎を通って葉まで水ポテンシャル差にしたがって上昇するとき，細い道管の中で抵抗がかかる。この抵抗が大きすぎると，葉で行われる蒸散に見合うだけの水を送ることができず，葉は気孔を閉じて光合成を停止することになる。このため，陸上植物の根と茎の中にある道管は十分な水の通導能力を確保するようにデザインされている。具体的には抵抗の少ない太い道管を，十分な数だけ形成するということである。

　植物体の中の通導能力だけが高くても吸水できないことがある。日本のような湿潤な気候の場合，土壌の含水率が低下して吸水できなくなることはまずない。しかし，地球上の多くの陸地では土壌が乾燥しがちである。このような乾燥地に生育する植物は，根を土壌の深い場所まで伸ばすことで，水を確保する性質をもっている。湿潤な地域に生育する植物が土壌の表層に多い無機栄養を吸収するのに都合のよいように浅い根をもっているのとは対照的である。

晴天時の大気：−1000 気圧相当

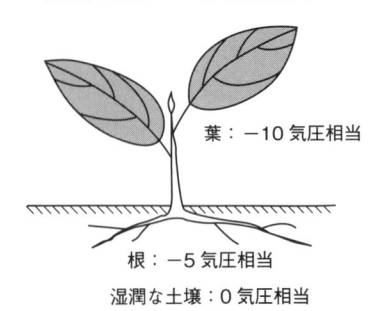

葉：−10 気圧相当

根：−5 気圧相当
湿潤な土壌：0 気圧相当

図 5.3　土壌から大気までの水ポテンシャル
水は水ポテンシャルの高い方から低い方へと移動する。晴天時の大気は−1000 気圧相当という非常に低い水ポテンシャルをもつため、葉からは水が大気中へと出ていく。葉の水ポテンシャルは−10 気圧相当であるが、これは細胞質の浸透圧によるものである。水ポテンシャルとは水の移動の方向を理解するためのものであり、実際に葉に生じる圧力が−10 気圧というわけではないことに注意しよう。

### (2) 乾燥誘導性遺伝子と ABA

　乾燥環境に適応するための生理機能はさまざまに知られているが、いずれも、水分環境に応じた遺伝子発現を必要とする。この乾燥による遺伝子発現制御には、植物ホルモンのアブシジン酸（Abscisic Acid：ABA）が重要な役割を果たしている。そして、乾燥によって誘導された ABA が乾燥耐性を獲得するために、さらに多くの遺伝子を調節している。乾燥によって誘導される遺伝子群の多くは、外部から添加した ABA によっても誘導される。また、乾燥によって細胞内に ABA が蓄積する。このことから、乾燥によって蓄積した ABA がこれらの乾燥誘導性遺伝子の発現を制御していると考えられている。

　ABA によって誘導される遺伝子のプロモーターには、ABA 応答エレメント（ABRE）が存在する。ABA 応答エレメントに結合する転写因子として、シロイヌナズナから、3 つの AREB/ABF 転写因子が見つかっている。それらがすべて欠損した三重変異体では、ABA を介して誘導される乾燥誘導性遺伝子の発現が正常に起こらない。こうした知見から、AREB/ABF 転写因子群は、乾燥に応答した ABA による遺伝子発現制御において、鍵となる転

写因子であると考えられている。

　乾燥ストレスによって細胞内のABAが蓄積すると，ABAは，細胞内の受容体と結合する。この受容体複合体が，タンパク質のリン酸化，脱リン酸化酵素のカスケードを調節することで，ABA誘導性遺伝子群の発現を促進する転写因子の活性を制御している（図5.4）。

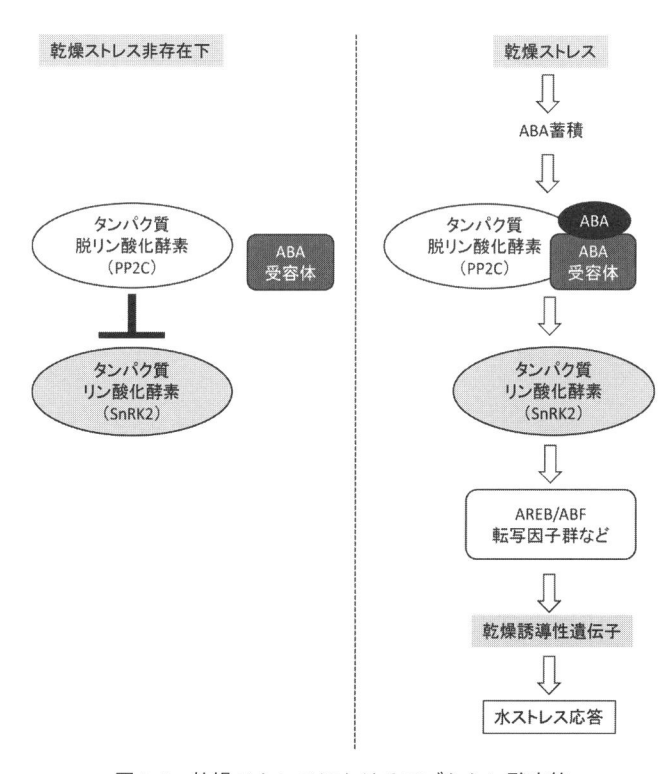

図 5.4　乾燥ストレスにおけるアブシシン酸応答

　被子植物であるシロイヌナズナ以外の植物，たとえばコケ植物・シダ植物においても，ABAシグナル伝達で働く同様の因子が見つかっていることから，このような乾燥（水分）ストレス時におけるABA応答は，陸上植物において共通に保存されていると考えられる。陸上植物が水中から陸上に生活環境を広げる過程では，このようなABAを介して乾燥（水分）ストレスに

応答する仕組みを獲得することが大きく貢献したと考えられる。

現時点での最も重要な問題は，乾燥状態を植物がどのように感知しているかである。乾燥によってABAが合成される機構とその後の情報伝達の研究は進んでいるが，植物がどうやって自分の水分状態を認識できるのかは，いまだに謎のままである。

## 5.3 温度環境への適応と温度認識

生物はそれぞれ生育に適した温度範囲をもっており，温度は水分条件とともに地球上での生物の分布を決定する要因である。環境条件が安定した水中に比べ，陸上では昼と夜や季節ごとに気温が大きく変動する。水中から陸上に進出した生物は，時間単位で起こる温度変化を認識して的確に応答することによりその生存と生育を維持している。

陸上での高温は，晴れた昼間に起こりやすく，植物は太陽の熱により温度が上昇すると気孔を開けて蒸散による気化熱で葉の温度を低下させる。蒸散で水分が失われると葉は萎れ，日光に曝される面積が少なくなることで温度上昇は緩和される。しかし，さらに高温状態が続くと，タンパク質の変性や過剰な光エネルギーによる活性酸素の増加が細胞を傷つける。

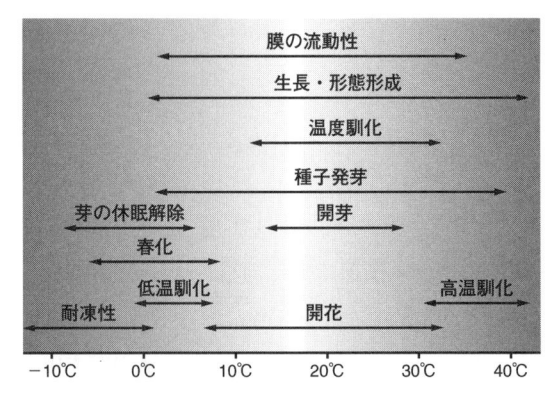

図5.5 温帯に分布する陸上植物における気温変化への応答（口絵参照）

5.3 温度環境への適応と温度認識

一方，低温環境（0～15℃）では，温度低下とともに代謝の進行が遅くなり，根からの吸水阻害による葉の萎れや活性酸素の蓄積が起こる。温度が最も低下する夜明け前の薄明条件では，低温によって光合成活性が喪失することが知られている。さらに凍結環境（<0℃）では，生体の大半を構成する水の体積が増大し，そのままの状態では細胞内で形成された氷晶が細胞内構造を破壊する。また，細胞外の水が凍ると細胞内の水が失われて脱水状態となる。このように，高温と低温はいずれの環境においても温度ストレスに加えて乾燥，酸化や傷害などのストレスが複合的に働いて生物の生存に深刻な影響をもたらす（図5.5）。

## (1) 温度センサー

高温と低温，いずれの環境においても生体に不利な現象が誘起されることから，外界の温度変化をすばやく，的確に認知することが重要である。しかし，陸上植物では温度変化を感知する唯一のセンサーというものは発見されていない。

真正細菌，古細菌，酵母や陸上植物には，ヒスチジンキナーゼとレスポンスレギュレータとよばれる2種類のタンパク質から構成される二成分情報伝達系が知られている。シアノバクテリアや枯草菌では，細胞膜に存在するヒスチジンキナーゼが，温度変化に応じた膜脂質の流動性や二重膜の厚さの差を感知し，低温センサーとして働くということが報告されている。陸上植物ではシロイヌナズナに11のヒスチジンキナーゼの遺伝子がある。そのうち葉緑体中に保存されているAtHK1は浸透圧センサーの機能をもち，低温条件で発現量が上昇することが示されている。それ以外の分子はホルモン受容体として働き，現時点では温度センサーとしての機能は報告されていない。

脊椎動物では，末梢感覚神経の膜において発現するTRP（transient receptor potential）チャンネルとよばれる分子群が，温度変化を感知するセンサーとして働く。温度が特定の閾値を超えるとこれに対応するチャネル分子が開口し，$Ca^{2+}$が流入し，これが電気信号となって中枢神経へ伝達される。神経系に直結した温度センサーは，環境の変動からの速やかな回避行動

と体内環境を常に一定状態に維持するという動物のシステムに適している。また，各受容体の温度感受性の閾値は，変温動物から恒温動物への進化の過程で変化したといわれている。

　移動能力の低い植物や原核生物は，外界の環境条件に応じて体内の環境を変化させることで生存を維持している。生体内の多くの物質や化学反応は，直接的に温度変化の影響を受ける。特に，生体膜を構成する脂質二重膜は温度に依存して大きく変化する。高温では脂質の流動性が上昇し，膜タンパク質間の水素結合が減少してイオン漏出が起こる。植物を高温条件で栽培すると細胞膜の脂肪酸，特に不飽和脂肪酸の減少が見られ，これは膜の流動性をより低い状態にするためと考えられている。一方，低温耐性の強い植物では，脂質炭化水素の不飽和度が高く，膜の流動性の低下を防いでいる。また，脂質の不飽和化を促す酵素遺伝子を過剰発現させると，低温耐性が上昇することも知られている。

　膜の流動性などの性質は，膜内で機能する膜受容体や膜輸送体の活性に大きな影響を与え，膜を反応の場とする光合成や呼吸の電子伝達系や酵素の活性が低下すると植物は生存できなくなる。そのため，多くの生物は脂質分子の分子種や炭化水素鎖における不飽和度を変えることで，温度変化に応じて流動性自体を一定に保つ機構をもつ。また，膜の流動性や構造を改変すると高温や低温に応答する遺伝子の発現状態が変化することも知られている。

　これらのことより，植物では膜脂質流動性そのものが温度センサーとして働き，それ自体が外部環境に応じて変化することで次に起こるストレスにうまく対応できる仕組みになっている可能性がある（図5.6）。

### (2) 高温環境

　動植物が共通にもち，高温に対する最も重要な制御機構は，熱ショック応答系である。この系で中心的役割を果たす熱ショック転写因子（HSF：heat shock transcription factor）は，N末端側に標的DNAを認識して結合する領域をもつ。一方，熱ショックタンパク質（HSP：heat shock protein）など熱ストレス誘導性の遺伝子は，プロモーター領域に熱ショックエレメント

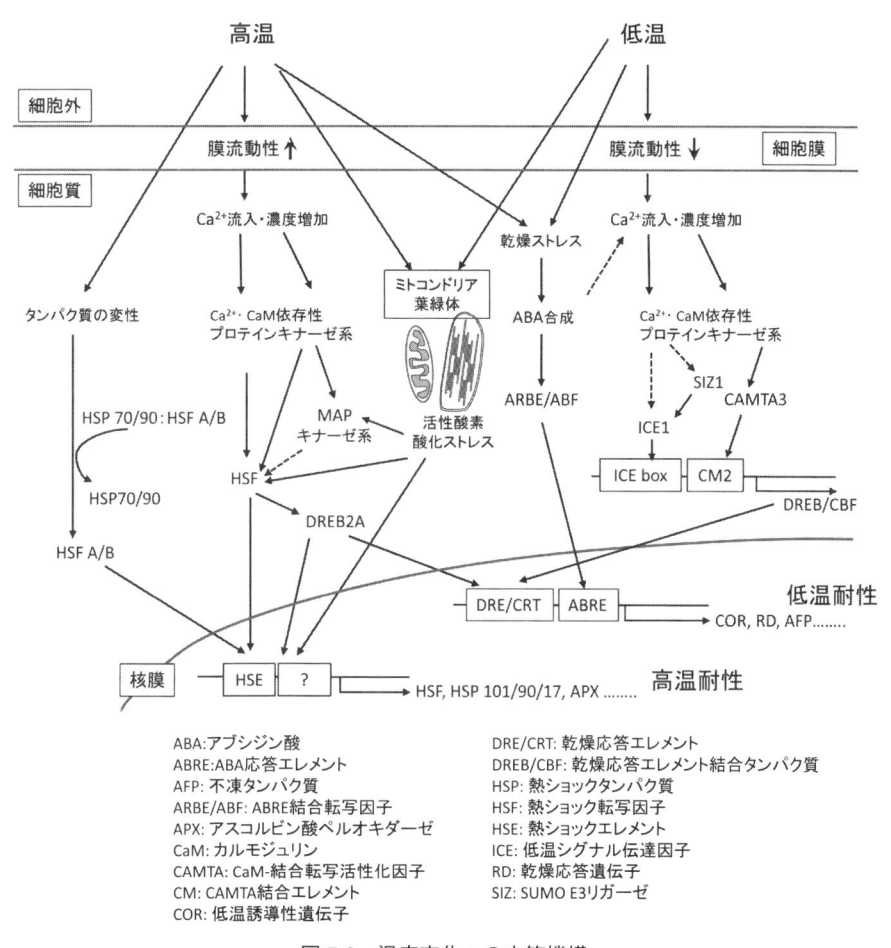

## 5.3 温度環境への適応と温度認識

図5.6 温度変化への応答機構

ABA: アブシジン酸
ABRE: ABA応答エレメント
AFP: 不凍タンパク質
ARBE/ABF: ABRE結合転写因子
APX: アスコルビン酸ペルオキシダーゼ
CaM: カルモジュリン
CAMTA: CaM-結合転写活性化因子
CM: CAMTA結合エレメント
COR: 低温誘導性遺伝子
DRE/CRT: 乾燥応答エレメント
DREB/CBF: 乾燥応答エレメント結合タンパク質
HSP: 熱ショックタンパク質
HSF: 熱ショック転写因子
HSE: 熱ショックエレメント
ICE: 低温シグナル伝達因子
RD: 乾燥応答遺伝子
SIZ: SUMO E3リガーゼ

(HSE：heat shock element) と呼ばれる配列が存在する．温度が 5〜10℃ ぐらい上昇すると HSP90 に結合していた HSF が遊離して三量体となり，これが HSE 配列に結合して HSF と HSP の転写を活性化し，熱ストレスから細胞を保護するという流れが，生物全体を通じて見られる熱ショック応答の基本型である．

陸上植物はゲノム内に 20 種類以上の HSF をもち，それらは単に高温にの

み働くのではなく，乾燥，低温や酸化などの多様なストレスで発現する．高温で多量に発現するHSFA2は強光，酸化や塩ストレスでも強く誘導され，高温環境でおこる複合的な応答反応を生じさせる．動物のHSFは陸上植物に比べると非常に少ない．脊椎動物には4種類のHSFしかなく，ショウジョウバエではHSFは1種類しかない．環境変化に対して生体の恒常性の維持を行う動物では，転写後のHSFを修飾することで体内環境の微調整を行っていると思われる．一方，複合的に起こるストレスを甘受する植物では，環境に適応した状態に素早く変化できるように多数のHSFパーツを分化させているのであろう．

　熱ショック応答によりつくられるHSPは分子量によって大きく5つのクラスに分けられ，熱以外のストレス，細胞増殖や分化などの発生段階，細胞内の恒常性の維持に働く．陸上植物の熱ショック応答には多数のHSFとHSPが働くため，まだ明確でない部分が多い．シロイヌナズナでは，HSFの一種により熱ショック応答のスイッチが入ると，高温耐性に働くHSP101，分子シャペロンとして様々なタンパク質の立体構造の維持に働くHSP70ファミリー，細胞質や葉緑体などの細胞小器官に局在する低分子量HSPファミリーの発現が活性化される．また，同時に他のHSF転写因子が誘導され，長期化する高温条件下でのHSP群の発現維持や活性酸素の除去にかかわるアスコルビン酸酸化酵素やアスコルビン酸ペルオキシターゼなど多くのストレス遺伝子の発現が活性化される（図5.6）．

　多くのHSPは真正細菌，古細菌と真核生物に普遍的に存在し，生命進化の初期から存在する機能として重要である．また，変性タンパク質と結合して凝集を抑制する働きをもつ低分子量（15-30 kDa）HSPファミリーは特に植物では多様化している．この分子種のアミノ酸配列には，動物の水晶体に存在する$\alpha$-クリスタリンと高い相同性を示す領域があり，タンパク質の進化という点でも興味深い．

　高温環境におかれた植物は，グリシンベタインやプロリンなどの適合溶質を蓄積することが古くから知られている．しかし，これらの変化は高温ストレスそのものよりも，同時に起こる乾燥ストレスの影響が大きい．水中環境

に二次的に適応した単子葉類の水草，ヒルムシロ科の植物に高温ストレスを与えると水中環境であるにもかかわらず，乾燥ストレスにかかわる遺伝子が誘導される。おそらく高温に対する複合的なストレスへの反応は，植物が陸上に進出する際には必須な応答機構セットであったのだろう。現在，いくつかの藻類でゲノムプロジェクトが進められており，陸上に上がる前段階の高温応答を見ることでストレス応答の進化が明らかになることを期待したい。

## (3) 低温・凍結環境

　水中では氷点下の温度を経験することはまずない。一方，陸上では気温が氷点下に下がることがある。そのため，陸上植物は低温，特に凍結に対する対応を迫られることになった。

　細胞レベルでの低温への対応を見てみよう。細胞はその内部に氷核が生成すると，細胞小器官などが傷つくことで死に至る。そのため，細胞の内部に氷核を生成させないことが，寒冷地で生きていくためには重要である。

　細胞内の溶質による凝固点降下によって，もともと細胞内は純水よりも凍結しにくい。冬になると細胞内にショ糖などが蓄積するため，細胞はさらに凍結しにくくなる。一方，細胞外の水は溶質濃度が低いために細胞内の水より凍結しやすい（細胞外凍結）。細胞外凍結が始まると，細胞内の水は細胞外へと水ポテンシャル差にしたがって受動的に移動し，凍結する。こうなると，水を失って小さくなった細胞内の溶質濃度はますます高まり，細胞内はさらに凍結しにくくなる。このようにして，陸上植物は細胞内凍結を回避することができる。

　イネ科植物の中には，過冷却現象を用いて細胞の内部に氷核ができるのを防いでいる植物もある。これにはある種のタンパク質が関与していることが知られている。

　低温への対応は組織・器官レベルでも行われている。寒冷地に生育する常緑性樹は，細胞だけを見れば十分な低温耐性をもっている場合が多い。しかし，常緑樹にとって寒冷地で問題となるのは，下に述べるエンボリズムである。これを避けるためには組織レベルでの対応が不可欠である。

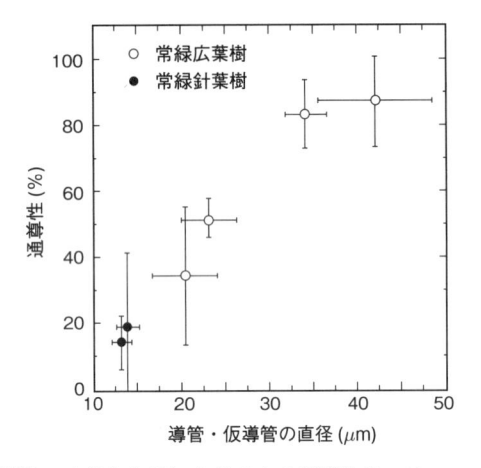

図 5.7 道管，仮道管の直径と冬季における水の通導性のロス
太い道管は寒冷地において冬の間に通導性を失いやすい．これは道管水の凍結・融解によって道管内に気泡が生じるためである．細い仮道管には気泡が生じにくく，寒冷地でも通導性は維持される．このように，原始的な仮道管にも生存に有利なメリットがある．そのため，寒冷地では仮道管をもつ針葉樹が優勢となる．●：仮道管をもつ常緑針葉樹，○：道管をもつ常緑広葉樹．Taneda and Tateno (2005)

　気温が氷点下になると道管は凍結し，道管にできた氷の中には気泡が生じる．氷が融解した後も道管に気泡が残る現象がエンボリズムである．繰り返し凍結と融解が繰り返されると残った気泡の数が増え，葉は吸水ができなくなって枯死する．エンボリズムは太い道管でおきやすいことが知られており，原始的な細い仮道管ではおきにくい（図 5.7）．そのため，寒冷地の常緑樹は仮道管をもつ常緑針葉樹であることが多い．道管をもつ被子植物の常緑樹も寒冷地に分布することがあるが，そうした植物の道管は仮道管のように細いものになっている．たとえばシャクナゲの仲間などである．
　エンボリズムに関していえば，寒冷地の落葉樹も低温に対する対応を行った植物である．落葉樹の場合，冬期に葉を落としているので葉が脱水されて枯死することを避けることができるが，落葉樹の場合も冬の間に道管に気泡が入るため，春にはこれを解消する必要がある．ある種の落葉樹は，気泡の入った道管に水を満たすことを行う．たとえば，カエデの仲間は道管にショ糖を送り込むことで道管の水ポテンシャルを下げ，土壌中から道管に水を受

## 5.3 温度環境への適応と温度認識

動的に移動させる。そのため，早春にカエデの仲間から採取した道管液は甘い。またある種の落葉樹は葉の展開前に新しい道管を作ることで通導性を回復させている。

　一般に，地下部は低温に対する耐性が低い。これは地温が氷点下には下がりにくいためである。雪の下は零度程度であり，細胞内の凍結，エンボリズムがともにおきにくい環境である。そのため，多雪地に生育する背丈の低い植物も低温耐性をもたないことが多い。

　一方，すでに述べたように低温環境では，膜の流動性や代謝速度が遅くなり，それに応じて生理反応が低下するものと考えられる。膜の流動性の低下を防ぐために，低温耐性の強い植物では，脂質炭化水素の不飽和度が高いことが知られている。また，脂質の不飽和化を促す酵素遺伝子を過剰発現させると，低温耐性が上昇することが報告されている。

　植物が低温に応答するための分子機構も研究が進められている。凍結には至らない低温環境では，高温環境とは逆に生体膜の脂質流動性が低下する。このことが直接の引き金かどうかはわからないが，高温変化時と同じく細胞内 $Ca^{2+}$ 濃度が上昇し，その後いくつかの段階を経て，転写因子の ICE1 が働くことが示されてきた。ICE1 の下流では，高温変化時と同じく DRE/CRT 依存の遺伝子群が活性化され，低温耐性に機能する生理反応が誘導されるらしい（図 5.6）。

　植物が水の凍結温度以下にさらされると，体内の水が凍結して体積が膨張し，生体内構造が破壊される可能性がある。このことを防ぐために，凍結耐性のある植物では，環境が凍結温度以下になると，細胞内の水を外に移し，細胞外で氷晶を形成するようにする。さらに細胞内での氷晶形成を防ぐために，浸透圧上昇に働く物質（適合溶質）を合成したり，グリセロールなどの凍結抵抗性物質を合成するようになる。北海道の氷点下 20℃〜30℃ になる地域で生育するカラマツやシラカバなどがその例である。

　このような生理機構の誘導に働く凍結センサー自体は，まだわかっていないが，細胞膜の脂質流動性の低下により，細胞外の $Ca^{2+}$ が細胞質に侵入し，細胞質 $Ca^{2+}$ 濃度の上昇によって，シナプトタグミンのような膜タンパク質

(a) (b) (c)

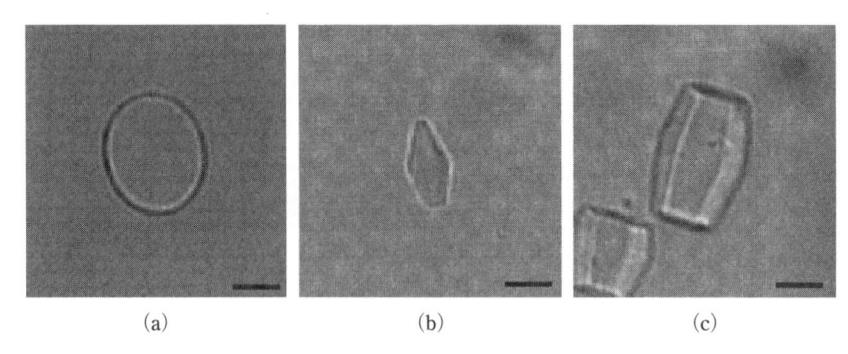

**図 5.8　凍結耐性に働く不凍タンパク質**
低温馴化した小麦の細胞壁に存在する不凍タンパク質の不凍活性．低温未馴化小麦由来のタンパク質は不凍活性がないため，氷の結晶が円盤状に成長する（a）．一方，低温馴化小麦由来のタンパク質は，氷結晶の特定面に結合して成長を抑えるため，形態が変化する（b）．不凍活性をもつタンパク質の例（c）
（写真は，「蛋白質・核酸・酸素」2007年5月号増刊，共立出版，p 532．今井亮三博士のご好意による）

**表 5.1　植物の不凍蛋白質**

| 植物 | 蛋白質/遺伝子名 | 相同蛋白質 | 分子量/K | 生理機能 |
|---|---|---|---|---|
| ライムギ | — | b—1,3 グルカナーゼ | 35 | |
| | — | b—1,3 グルカナーゼ | 32 | |
| | CHT9 | クラスⅠキチナーゼ | 35 | 酵素活性あり |
| | CHT46 | クラスⅡキチナーゼ | 28 | |
| | — | トーマチン様蛋白質 | 25 | |
| | — | トーマチン様蛋白質 | 16 | |
| コムギ | TaIRl1 | ロイシンリッチリピート蛋白質 | 27 | ET, JA 誘導性 |
| | TaIRl2 | ロイシンリッチリピート蛋白質 | 41 | |
| ペレニアルライグラス | LpAFP | なし | 29 | 煮沸安定性 |
| ツルナス | STHP64 | WRKY 転写因子 | 64 | DNA 結合性 |
| | STHP47 | キチナーゼ（クラス不明） | 47 | |
| | STHP29 | クラスⅠキチナーゼ | 29 | |
| ニンジン | DcAFP | ポリガラクツロナーゼ阻害蛋白質 | 36 | |
| モモ | PCA60 | デヒドリン | 60 | 煮沸安定性 |

の機能変化が誘導されることが報告されている．

また，多くの植物で，氷晶形成を阻害する不凍タンパク質（antifreeze protein：AFP）の存在が報告されており，これらのタンパク質は形成初期の氷晶表面に結合することで，それ以上の氷晶の発達を防ぐことができる．こ

れらのタンパク質は，熱ショックタンパク質（HSP）などと異なり，個々の植物に固有のもので，本来別の酵素機能などをもつことが知られており，進化の過程で，氷晶形成の阻害にも作用するようになったものと考えられている（図5.8，表5.1）。

**(4) 温度馴化と温度適応の進化**

　高温，低温いずれの温度変化に際しても，極端な温度変化に直接さらされたときは，植物は温度変化による影響を受けやすいが，その過程でより変化幅の少ない温度環境にしばらくおかれた場合は，植物は温度環境の変動により抵抗性を増すことが知られている。このことを**温度馴化**とよんでいる。温度馴化の分子機構はほとんど理解されていないが，熱ショックタンパク質の誘導は，その一つであろう。その他にも，温度馴化過程で生じる遺伝子発現パターンの変化が多数報告されていることから，馴化過程で重要な働きをするタンパク質群が明らかにされつつある。これらの遺伝子やタンパク質を人為的に形質転換することで，温度変化に強い農作物の作成などが試みられている。

　光合成生物の陸上への進出を可能にした要因の一つは，温度変化への適応である。動物のように移動をすることをしない植物にとって，環境の温度変化への適応機構は極めて重要な要因だったはずである。しかし，ここで示した温度適応機構の大枠は，すべての動植物に共通に知られている現象であり，光合成生物に固有の温度適応というものは，これまで知られていない。


## 5.4　多細胞化と重力に対する対応

　多細胞化は，陸上植物を理解する上で極めて重要な要因である。陸上では沈降することがないため，植物プランクトンで見られるような沈降しにくい小さな単細胞である必要性はなくなった。この制約がなくなると，以下に述べるような陸上に特有の環境のもとで多細胞化が進行することになる。

## (1) 重力と形態形成

　陸上では，植物が必要とする資源のうち，水と無機栄養が地下に，光が地上に分離して存在する。そのため，それぞれの資源を効率的に獲得するために多細胞化した大きな植物体が必要であった。こうした植物では，重力や光の方向を感知するしくみが必要となる。さらに，光を巡る競争が生じると，より高い場所に葉を展開する必要に迫られる。こうして，より大きな植物体が進化することになった。

　背の高い植物では，重力や風などの力学ストレスに抵抗した力学的安定性を維持しなければならない。このため，力学ストレスの受容とそれに応じた形態形成のしくみが進化した。たとえば，直立したシュート（茎とそれについた葉の総体）では，シュートが支えられる重さと，実際に支えている葉の重さの比がほぼ4程度になるような形態形成が行われることが知られている。これを安全率というが，風が強い環境では伸長を抑制することで安全率

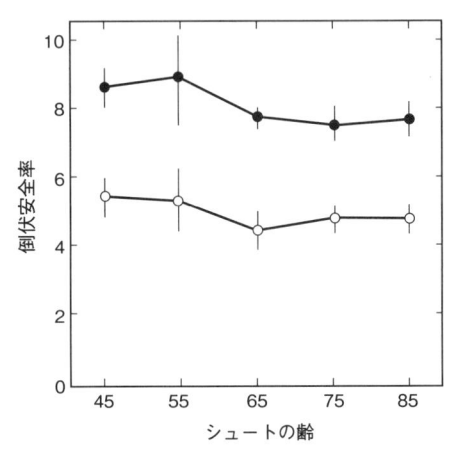

図 **5.9**　シュート形成過程で維持される力学的安定性
倒伏安全率とは，倒伏するのに必要な葉の生重/実際の葉の生重で定義される。木本植物のヤマグワのシュートが成長する過程で，倒伏安全率はほぼ一定に維持されていた。また，風などの力学的なストレスが生じると，シュートはずんぐりとした形状となり，倒伏安全率は高くなる。このように，シュート形成では力学的な安定性を一定に維持するような形態形成が行われている。○：通常のシュート，●：力学ストレスを加えたシュート。Tateno (1991)

郵 便 は が き

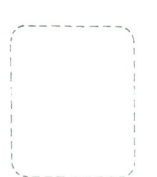

1 0 2 - 8 2 6 0

東京都千代田区九段南四丁目
3番12号

株式会社 　培　風　館　 行

---

御住所　　　　　　　　　　　　郵便番号

ふりがな
御芳名

校名・専攻学部学科

御職業

E-mail

## 読者カード

御購読ありがとうございます。
このカードは出版企画等の資料として活用させていただきます。
なお、読者カードをお送り下さった方で、御希望の方に目録をお送りいたしております。

図書目録　要・不要（どちらかに○印をおつけ下さい）

書名

本書に対する御感想

出版御希望の書（小館へ）

その他

## 5.4 多細胞化と重力に対する対応

はより高くなる（図5.9）。一方，植物が密に生育していて風が弱く，かつ競争の激しい環境では伸長が促進され，安全率の値は1以下まで低下することがある。こうした力学的安定性には，エチレンによるストレス情報の伝達，フィトクロムによる競争の存在の感知が関与している。植物の葉を透過した光には近赤外光が相対的に多く含まれるため，これを感知できるフィトクロムによって競争相手の存在を知ることができる。

地下部では，地上部を力学的に支える根の形態形成に加えて，水や窒素などの資源を有効に吸収するための根の伸長制御を行う必要も出てきた。多くの植物では，発芽時に形成される主根は重力の方向に伸長するが，主根から枝分かれする側根はむしろ水平に伸びていく（図5.10）。陸上環境への適応を考えるとき，この側根の発生は重要である。というのは，窒素やリンなどの主要な栄養素は地表面近くに多い植物由来の有機物に含まれているため，これらの吸収のためには根を地表面近くに位置させる必要があるからである。根はフィトクロムをもっており，おそらくこの色素を使った光の感知によって，地上に出てしまうことなく地表面近くに根を伸長させているのかも

**図5.10 地表面近くに形成されるミズナラの根**
降水によって表土が流されてしまうと，根の張り方がよくわかるようになる。樹木の根は地表面近くに放射状に形成され，地中深くに伸びた根は見られない。これは，植物にとって必要な無機窒素などは有機物を含む表層の土壌に存在するためと考えられている。

しれない。

地下部が水や栄養塩の吸収器官として進化したのは，陸上植物の誕生，主にはシダ植物への進化以降である。このように根の形態と，生理機能は，必ずしも共通の目的のもとに進化してきたわけではない。力学的支持体であった根が，いつから栄養塩や水吸収器官としての働きをもつようになったかは，今後の重要な課題である。

### (2) 根の重力応答

植物の根や茎が重力の方向，あるいは重力は反対方向にそれぞれ成長する現象は，**重力屈性**（gravitropism）とよばれる。植物はこの性質により根は下に，茎は上に成長する体制を保っている。また，茎が伸びるときに受ける光が一方向から来る場合には，**光屈性**（phototropism）により茎が光の来る方向に屈曲し，葉は効率よく光を受け光合成を行う。維管束植物が示す重力や光などの物理的刺激に対する屈性は，根，茎など器官レベルで観察されるが，それらの応答を示すためには多くの細胞・組織が働いている。

### A　コルメラ細胞とデンプン-平衡石説

根や茎などの器官で重力方向の変化が感受されると，その刺激がなんらかの信号となって器官の伸長領域に伝達される。そして，伸長領域の両側で偏差成長が起こると，根は下向きに，茎は上向きにそれぞれ屈曲が起こる。根の重力感受部位は根端部分にある根冠のコルメラ細胞である。コルメラ細胞にはアミロプラスト（amyloplast）と呼ばれるデンプン粒を含むプラスチドが多数存在している。このアミロプラストは，重力方向の変化に応じて細胞内を移動・沈降するが，これが平衡石のように働くことで，重力の方向や強さが感受されると考えられている（図5.11）。

これは，**デンプン-平衡石説**（starch-statolith hypothesis）と呼ばれており，これまで，さまざまな実験によって支持されている。例えば，コルメラ細胞をレーザー照射により除去した根や，根冠のみを切除した根では，重力屈性能が消失または弱くなる。また，デンプン合成に必要な酵素であるホス

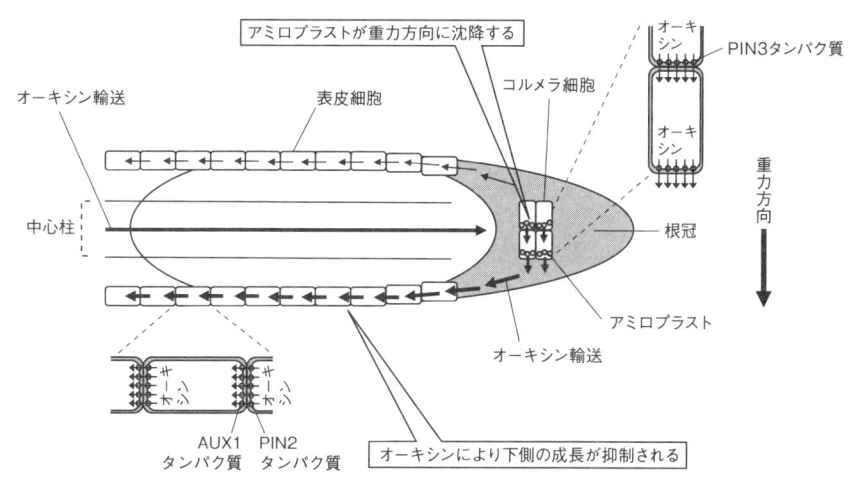

5.4 多細胞化と重力に対する対応

**図5.11** 根の重力屈性反応におけるオーキシン輸送

ホグルコムターゼ（phosphoglucomutase）遺伝子に欠損をもつシロイヌナズナやタバコの変異体では，アミロプラストが正常に分化せず，そのかわりデンプン粒のないプラスチドがコルメラ細胞に存在する。こうしたアミロプラストができない変異体では重力屈性が著しく弱い。したがって，アミロプラストを含むコルメラ細胞が根における十分な重力感受に必須であることが示されている。コルメラ細胞で感受された物理的なシグナルは，植物ホルモンのオーキシンを介して偏差成長を引き起こすと考えられている。

### B　オーキシンの不等分布と偏差成長

　オーキシン（天然のオーキシンは，インドール-3-酢酸）は地上部の若い葉や芽で作られ，茎を通って根の維管束や中心柱の組織を通って根の先端まで移動する。そして根端にたどり着いたオーキシンは，根冠の外側や表皮を通って逆向きに根の基部側へ流れる。通常，根が重力方向に伸長する際にはオーキシンの流れは均一だが，水平に倒して重力刺激を与えた根では，根端から伸長領域へ流れるオーキシン量に差が生じ，根の下側のオーキシン濃度が上側よりも高くなる。すると下側の伸長領域ではオーキシンが至適濃度よりも蓄積するので，細胞の伸長が阻害される。その結果，上側の細胞が下側

よりも伸長し，しだいに根端が重力方向を向くように伸長する。

シロイヌナズナでは，根の重力屈性反応におけるオーキシン不等勾配を形成するのに，AUX1，PIN2，PIN3といったオーキシン輸送体タンパク質が働いている。これらの輸送体タンパク質に欠損変異が起こると根の重力屈性反応が弱くなったり，消失したりすることから，これらの輸送体は根の重力屈性で重要な働きを担うと考えられている。これらのタンパク質は細胞膜に局在しているが，AUX1は細胞外から細胞内へのオーキシン取り込みに働くのに対して，PIN2，PIN3は細胞内から細胞外へのオーキシンの排出に働く。

これらのオーキシン輸送体は，働く細胞のタイプが異なっている。たとえば，PIN3タンパク質は，根冠の中央に位置する一部のコルメラ細胞で特異的に発現している。根が重力方向を向いているときには，PIN3タンパク質はコルメラ細胞中で細胞膜全体に存在している。しかし興味深いことに，根が水平に倒されると，PIN3の局在が数分以内に変化して，下側（重力方向側）の細胞膜のみに偏る。その結果，根端の下側（重力方向側）に蓄積したオーキシンは，根の表皮組織を通って根の伸長領域に向けて輸送される（図5.11）。この後者の輸送はAUX1とPIN2が担っている。PIN2は根の表皮細胞や皮層細胞で発現しているが，表皮で発現しているPIN2は根の細胞の頂端側（シュート方向）の細胞膜に局在しており，オーキシンを根の基部側に排出する。一方，取り込み輸送体のAUX1は根の表皮細胞の基部側（根の先端側）細胞膜に多く局在しており，PIN2によって細胞外に排出されたオーキシンを細胞内に取り込んでいる。

この"排出-取込み"の輸送リレーが互いに隣接する細胞間で次々と行われることで，重力刺激を受けた根の下側ではより多くのオーキシンが伸長領域に輸送される。その結果として下側の根の細胞伸長を阻害し，屈曲を引き起こす。

しかし，重力刺激によるアミロプラストの移動・沈降が細胞内でどのようにしてPIN3の細胞内局在を変化させるのか，まだ詳しい仕組みは明らかになっていない。また，根の重力屈性には，根の両側における細胞内のカルシウムイオンやpHの変化も関与することが知られている。シロイヌナズナの

5.4 多細胞化と重力に対する対応　　115

根の重力屈性に関わる遺伝子にはオーキシン応答に関係しない因子も見つかっており，これらの解析から重力屈性の仕組みが明らかになる可能性が考えられる。

### (3) シュート・茎の重力応答

双子葉植物の芽生えの胚軸や，単子葉植物の幼葉鞘，あるいは茎は，重力の反対方向である真上を目指して成長する。これらのシュート器官を水平に倒して重力刺激を与えると，植物種や器官によるが，数十分から数時間で上向きに屈曲する（これを負の重力屈性反応と呼ぶ）。これは，水平になった器官の伸長領域の上側と下側にオーキシンの不等分布が生じ，下側（重力方向側）の細胞が上側の細胞よりも伸びることで上に屈曲が起こるからとされている。

### A 変異体を用いた重力屈性解析

シロイヌナズナでは胚軸や茎が負の重力屈性を示すが，近年，茎の重力屈性反応に異常のある変異体の解析から，地上部シュートの重力感受から偏差成長に至る仕組みについて，多くの知見が得られている。

まず，茎や胚軸において重力の感受は，皮層の内側に位置する内皮細胞層

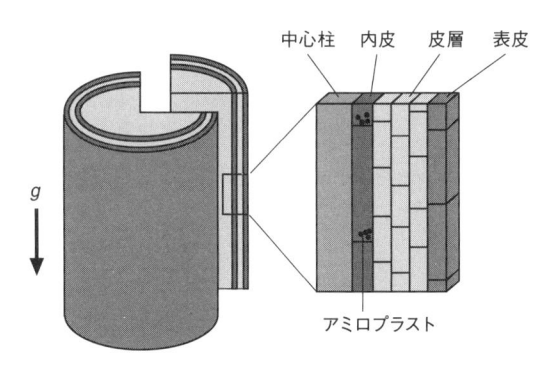

図 5.12　茎の縦断切片の模式図
茎の内皮細胞層には重力方向にしたがって移動・沈降するアミロプラストが存在する。この細胞層をつくれない変異体は茎の重力屈性を全く示さない。

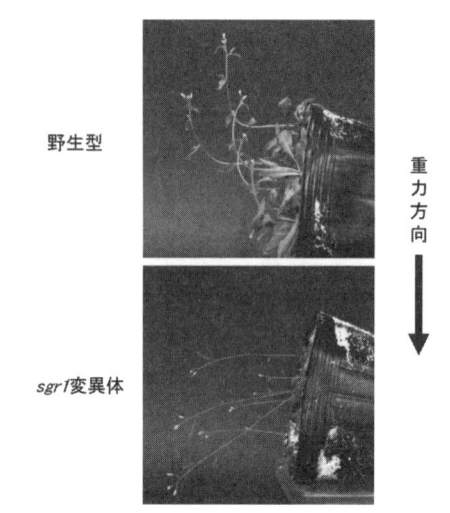

**図 5.13 シロイヌナズナの茎の重力屈性反応**
（上）野生型を横に倒して 6 時間後。90 分後には起き上がる。
（下）茎の内皮細胞層をつくれない sgr1 変異体を横にして 6 時間後。まったく起き上がらない。

で行われると考えられている。内皮細胞には根のコルメラ細胞と同様に，重力方向に移動・沈降するアミロプラストが存在している（図 5.12）。アミロプラストが分化しないシロイヌナズナのデンプン合成欠損変異体では，根だけでなく茎や胚軸の重力屈性反応が弱くなる。また，シロイヌナズナでは茎の重力屈性が異常な突然変異体として shoot gravitropism（sgr）変異体が単離されている。このうち，茎と胚軸の重力屈性を全く示さない変異体では，茎と胚軸の内皮細胞が欠失している。このことからシロイヌナズナでは，内皮細胞層が茎の重力屈性に必須であることが遺伝的に証明された（図 5.13）。これらの変異体の原因遺伝子は，根の内皮の形成・分化を制御する転写因子であり，根と茎の内皮細胞層の形成は共通の因子によって制御されていることもわかった。

　茎の内皮細胞内はその体積のほとんどが液胞で占められているため，アミロプラストの挙動は液胞の構造や動態によって影響を受けている。シロイヌナズナでは，液胞の動態や小胞輸送に関与する因子に変異が起こると茎の内

皮細胞において，重力刺激に応じたアミロプラストの細胞内での移動に異常が生じ，重力屈性が阻害される。茎の重力屈性反応には，内皮細胞における正常な液胞動態や小胞輸送系が必要だといえる。また，これらの因子に加えて，内皮細胞では跳躍するように細胞内を動くアミロプラストと重力方向に沈降するアミロプラストがあることが報告されている。アミロプラストの動きに関わる細胞内骨格系因子なども，重力感受に重要な役割を果たしていると考えられている。

　通常，茎の横断面を見ると一層の内皮細胞が同心円状に存在している。じつは茎を水平にして重力刺激を与えた際に，横断面上のすべての内皮細胞が重力を感受しているのか，あるいは茎の片側（下側あるいは上側）だけが感受を行っているのかはわかっていない。茎の重力屈性においても水平になった茎の上側と下側でオーキシンの不等分布が生じることで，偏差成長による屈曲が起こることが示されている。しかし，重力刺激によって茎の両側で生じるオーキシンの不等分布が，どのような仕組みで形成されるのかはわかっていない。

　これまで重力屈性の分子機構は，被子植物のシロイヌナズナの変異体を元にして明らかにされてきた。一方，シャジクモのような水生植物は細胞レベルで重力感受性をもち，偏差成長を起こすことが報告されているから，植物細胞が重力を感知する機構はさらに多様である可能性が高い。

## 5.5　水・栄養塩環境の認識

　これまで述べてきた光，温度，重力は，物理的環境として細胞内の全ての物質，構造に等しく働きかける環境要因である。

　一方，水や栄養塩を初めとした化学物質は，通常細胞膜に遮られて，細胞内に自由に入ることができるわけではなく，細胞膜上にその認識・輸送機構が存在しなければならない。水に関しては，水チャンネルが存在し，水の細胞内外の出入りを制御している。また，栄養塩についてはそれぞれのイオン輸送系が，それらの物質を個別に認識・輸送することができる。

## (1) 水環境

　生体膜を形作るリン脂質二重膜は，アルコールのような非極性物質や，ワックスなどの疎水性物質は自由に透過させるが，生体を形作る極性物質やイオン性物質に対する透過性はきわめて低い。これは当然のことで，生命に重要な物質が自由に膜を透過してしまっては，細胞内の環境を安定に維持することはできないであろう。そのため，たとえ水中に生育する生物でも，水の出入りは膜タンパク質で制御されていると考えることができる。実際，シャジクモ節間細胞を用いた測定から，生体膜を介した水の移動の 80% は，水チャンネルを通ることが想定されている。

　しかし，たとえ脂質二重膜を介した水の出入りがかなり小さいとしても，それで細胞が成立するのは，水中に存在する間だけであり，細胞外の水ポテンシャルが圧倒的に小さい陸上において，生体膜を介した水の蒸発は瞬く間に生じる。同じくシャジクモを用いた測定で，水チャンネルの阻害剤存在下でも，空中にさらされた細胞からの水の蒸発スピードは，阻害剤なしの場合と変わらないことが示されている。

　こうして，水の蒸発が恒常的に生じる陸上環境において，体のおよそ 80% が水で成立している陸上植物にとって，常に水を供給するシステムと，水の蒸発を極力防ぐシステムの二つが重要になる。

### A　水分屈性

　水環境を認識し，そこから水を取り込むシステムの進化は，光合成生物が水中から陸上へ進出するにあたり最も重要な過程と考えられる。生体膜を介して水を取り込む機構は，細胞膜内外に成立している水の化学ポテンシャル勾配にのみ依存しており，能動的要素はない。また，シダや種子植物で発達した長距離水輸送器官である維管束系においても，重要なのは水のポテンシャル勾配であることは，すでによく知られている。

　一方，維管束植物の根は，水がどこにあるかを知る水認識システムをもつことも古くから知られており，これは**水分屈性**（hydrotropism）として認められてきた。根の水分屈性は，**重力屈性**に隠されて発現するため，生理解析

## 5.5 水・栄養塩環境の認識

がなかなか進んでいなかったが，近年，シロイヌナズナの突然変異体を用いた解析から，水分屈性を支える遺伝子群が同定されつつある。シロイヌナズナの野生型の芽生えを垂直に立てた寒天培地で生育させると，正の重力屈性によって根は寒天面に沿って真下に伸長するが，寒天培地が途中でなくなった部分では，水分が得られるように根が寒天側に屈曲する。この応答を指標にして，水分の勾配に応答できない突然変異体がいくつか単離された。このうち *miz1* 変異体は根の水分屈性に異常を示すが，根の重力屈性については異常が見られない。このことから水分屈性のしくみは重力屈性とは遺伝的に異なることが示された（図5.14）。

*miz1* 変異体の原因遺伝子は，機能が不明なタンパク質をコードしていた。しかし，このシロイヌナズナ MIZ1 タンパク質とよく似たタンパク質は，イ

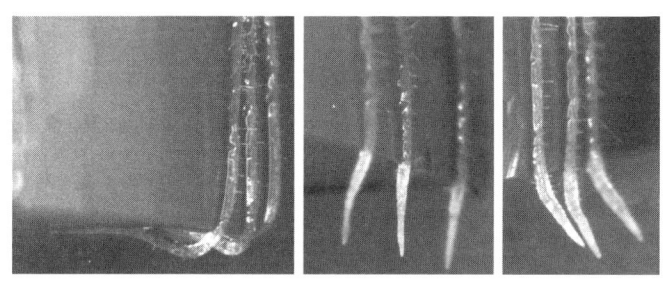

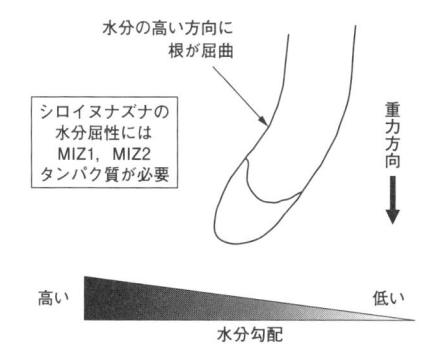

図 5.14 根の水分屈性を示す写真とその模式図（高橋秀幸博士のご好意による）

ネやヒメツリガネゴケなどの陸上植物のみに存在しており，藻類やシアノバクテリア，動物には存在しない。このことは，MIZ1 タンパク質の機能が陸上植物に特有のものであることを強く示唆し，水認識機構が，光合成生物の陸上化に重要な働きをしてきたことを示唆するものである。MIZ1 タンパク質は根の水分屈性に特異的にかかわることから，根には重力，水分などの外界の刺激を独立の仕組みで感知して，それらの情報をうまく統合して伸長する方向を決める仕組みがあると考えられる。また，シロイヌナズナの場合，根は光に対して負の屈性を示すが，これも根の重力屈性と相互に影響し合って根の伸長方向が定まる。

したがって，根では，重力，水分，さらには光や接触といった環境刺激の方向・強さを独立に感知し，それらのシグナルを統合して根の伸長方向を決める巧みなメカニズムが進化してきたと考えられる。

## B　浸透圧・膨圧調節

水による細胞機能の維持で最も大事なものの一つが**浸透圧調節**である。細胞壁をもつ光合成生物の細胞は，細胞内浸透圧を，細胞外液の浸透圧よりも高く保つことによって，水輸送の駆動力とするとともに，膨圧を発生させることで細胞の形態を維持することができる。これは，海水などの水中に生育する藻類でも同じである。多くの光合成生物では，細胞内液の浸透圧を調節するよりも，細胞内外液の浸透圧差にあたる膨圧を一定の値に調節する機能をもっている。細胞外液の浸透圧が一定である限り，膨圧を調節することは細胞内液の浸透圧を調節することと同義である。膨圧を認識するセンサーとして，シアノバクテリアや細菌などの原核生物や酵母などの単細胞性真核細胞では，His-Arg リン酸リレー系の二成分受容体が機能することが明らかにされている。一方，陸上植物では，この膨圧調節能を司る圧力センサーはまだ見いだされていない。ある種の $Ca^{2+}$ チャンネルが圧力を受容できることが報告されているが，それが種子植物における膨圧センサーとして働くかどうかはわかっていない。

さらに，陸上植物が塩害などの高塩環境にさらされると，細胞外のイオン

## 5.5 水・栄養塩環境の認識

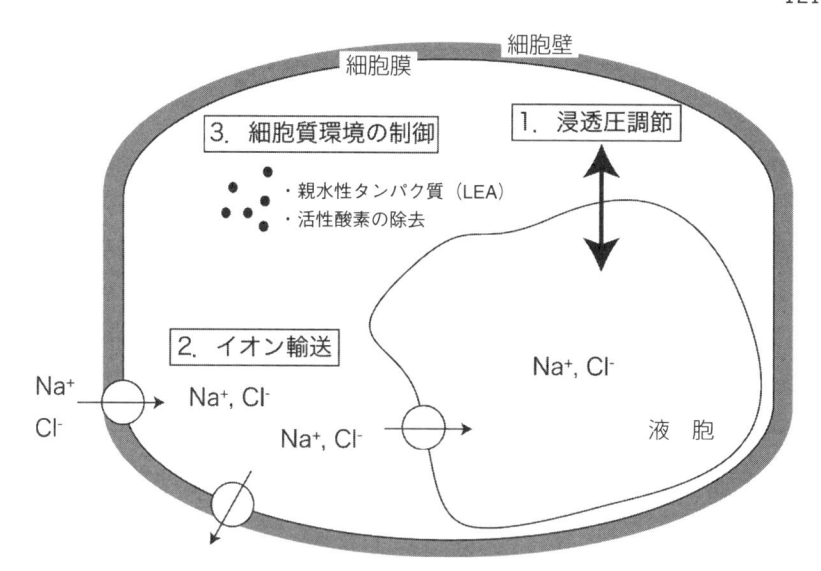

**図 5.15　高塩環境への適応**
「基礎生物学テキストシリーズ 7. 植物生理学」三村徹郎・鶴見誠二編著, 化学同人, p.166)

濃度と浸透圧が上昇することから, 植物細胞は, 水駆動力の減少と $Na^+$ などの有害イオン濃度の上昇にさらされることになる。このとき, 水駆動力をあげるために, 細胞質に適合溶質を合成したり, 有害イオンである $Na^+$ などを液胞や細胞外に排除する機能が誘導される。これらの機能は, 藻類から種子植物まで広く保存されていることが知られている (図 5.15)。

また, 細胞内の水環境を維持する分子として LEA タンパク質やオスモチンなどの親水性の極めて高いタンパク質が存在する。これらのタンパク質も細胞内の水環境の維持に機能していると考えられ, 藻類から種子植物まで広く存在することが知られている。

高塩環境下で機能する多くの生理機能が, 進化の過程で長く維持されてきたにもかかわらず, コケ植物やシダ植物では, 高塩環境下で生育できる種類はほとんど存在しない。種子植物では, アマモのように完全に海水環境に適応した種や, マングローブ植物のように, 海水中でも生育できるものが存在するが, コケ植物やシダ植物には知られていない。陸上植物の主要な祖先種

として知られるシャジクモ類には，海産のものが存在することから，コケとシダでは，何らかの理由で海水環境への再進出ができなかったものと考えられる。

### (2) 栄養塩環境の認識

陸上植物の生育を支える重要な要素は，土壌から供給される栄養塩である。一般に植物が生育する環境において，必要な栄養塩が常に十分に供給されることはない。実際，農業において，窒素，リン，カリウムが三大肥料として重要な働きをしているのは，活発に成長する作物にとってこれらの栄養塩が通常の土壌環境では不足しているからである。

栄養塩物質の取り込みは，動植物とも主に，一次能動輸送系で形成されたイオン（動物細胞では$Na^+$，藻類・陸上植物細胞では$H^+$）の電気化学ポテンシャルを用いた二次能動輸送系が機能する。これまで知られている輸送体分子のほとんどは，動植物のイオン輸送系が共通のイオン輸送系から進化してきたものと考えて間違いがない。

輸送体だけでは，個々の環境のイオン濃度を一定に保つことは難しい。そこで，栄養塩に限らず，有害物質も含めて，個々のイオンの濃度環境を認識するセンサーとなるものが必要になる。シアノバクテリアや細菌類，あるい

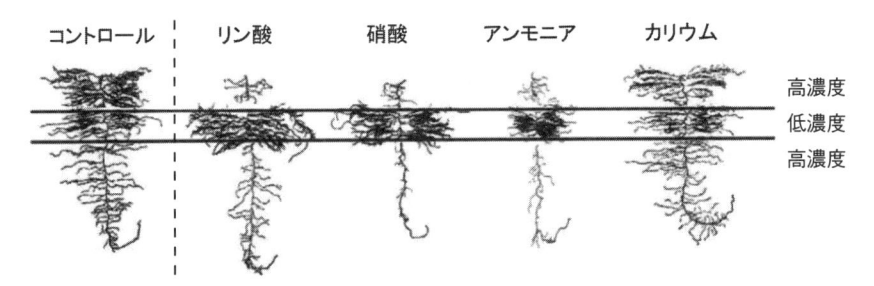

**図5.16 栄養塩環境と根系構築**
オオムギの根を異なる栄養塩環境で育てた時の根系の違い。二本の黒線を挟んだ三層に，異なる濃度で（上から高濃度，低濃度，高濃度），それぞれの栄養塩を与えると，低濃度の環境において，根の構造が大きく変化した。コントロールのみ，全ての栄養塩が高濃度で与えられている（Hodge, 2004）。

は酵母では，このようなセンサーとなるタンパク質が同定されており，それぞれ結合タンパク質や二成分制御系が機能することが明らかになっている．センサーによって認識されたイオン濃度に応じて，輸送体や酵素類，あるいは適合溶質合成系などの遺伝子の発現制御が行われることが明らかになっている．

　藻類や陸上植物でも，外環境の栄養塩濃度等に応じた遺伝子発現制御系が様々に知られており，栄養塩環境に応じて，輸送体や栄養塩代謝に関わる酵素，さらには植物体の形まで，大きく変化することが知られている（図5.16）．しかし，このような反応の基となる遺伝子発現を統御するセンサー分子は不明のものが多い．近年，硝酸イオンのセンサーとしてある種の硝酸輸送体が働きうることが示されたので，多くの栄養塩にも，同様のセンサーが働いている可能性がある．

## 5.6　細胞と全体

　これまで，物理場情報としての光，温度，重力，化学物質情報としての水や栄養塩について，現在の理解とその進化について見てきた．陸上植物はこの他にも，電磁場，多様な有害物質，あるいは病原体や食害を引き起こす昆虫，さらには隣接して生育する同種や他種の植物個体などを認識できることが知られている．

　このような植物の環境シグナルの受容機構を，現在われわれは新しい言葉として「植物の環境感覚」と呼んでいる．

　植物の環境感覚は，植物が移動しないという生育形態をとったことから必然的に生まれてきた能力であり，動物がもつ五感と同様，あるいはそれ以上に鋭敏な感覚として考えることができる．

　植物と動物の感覚で最も異なる点は，植物は，動物と異なり特定の環境認識器官を進化させず，多くの細胞が複数の環境を同時に認識し，細胞内（あるいは近傍組織）でのクロストークに伴う情報処理を中心に行っているように見える点であろう．このような違いは，動かない選択をした植物が土壌中

に根を伸ばし，気中に葉を展開する体制をとり，一個体が急激な環境勾配のなかに生存しているため，ある場所に存在する環境認識器官で全体を統御することが難しかったためと思われる。

　細胞レベルの情報処理が，どのようにして個体レベルでの生育環境への適応につながるのかは，今後の大きな課題である。

（小菅，舘野，深城，三村）

### ＜参考図書＞

「植物の生存戦略—じっとしているという知恵に学ぶ」「植物の軸と情報」特定領域研究班編，朝日新聞社，2007
「植物のシグナル伝達—分子と応答」柿本辰男・高山誠司・福田裕穂・松岡信編集，共立出版，2010
「植物は感じて生きている（植物まるかじり叢書2）」瀧澤美奈子・日本植物生理学会著，化学同人，2008
「植物の成長」西谷和彦著，裳華房，新・生命科学シリーズ，2011
「植物の生態」寺島一郎著，裳華房，新・生命科学シリーズ，2013

# 6章 真核光合成生物のゲノム科学

　わが国の植物ゲノム研究の泰斗である木原均博士は「地球の歴史は地層に，生命の歴史はゲノムに刻まれる」という名言を残した。地球上には膨大な種類の生物が生息するが，植物（本章では，真核光合成生物を意味するときにもこの言葉を用いている）だけでも30万〜50万種いると推定されている。しかも生物はそれぞれ独自の遺伝子を多数もっているが，生物や遺伝子の多様性は，長大な期間に蓄積した遺伝子の進化が基礎となっている。

　ゲノムとは「生物がそれぞれの特徴を維持しつつ成長，増殖していくために必要な遺伝情報のすべて」と定義される。遺伝子の進化と多様性はどのようにして生まれたのだろうか。

　本章では，最近の真核光合成生物ゲノム研究のトピックス，とくにその多様性と進化の原動力となったゲノムのダイナミズムについて紹介する。植物細胞には3つのゲノムがあるが，真核光合成生物の多様性と進化に葉緑体やミトコンドリアのゲノムが果たした役割は大きく，真核光合成生物のゲノム機能を特徴づける重要な要素となっている。

## 6.1　真核光合成生物ゲノムの特徴と進化

### (1) ゲノム解読で見えてきた植物の進化

　ヒトのゲノム DNA は 30 億塩基対（＝3,000 Mbp（メガ塩基対））からな

表 6.1　主要な緑色植物のゲノムの特徴

| | 和名と学名 | ゲノムサイズ (Mbp) | タンパク質遺伝子の総数 | ゲノムと遺伝子構成の特色 |
|---|---|---|---|---|
| 単子葉植物 | イネ<br>*Oryza sativa* L. | 389 | 37,544 | ゲノムの14%が転移性因子。 |
| 単子葉植物 | トウモロコシ近交系 B73<br>*Zea mays* B73 | 2,300 | 32,000 | ゲノムの85%が転移性因子。 |
| 単子葉植物 | ソルガム<br>*Sorghum bicolor* (L.) Moench | 730 | 27,640 | 7,000万年前に起こった全ゲノム重複以後，遺伝子と反復DNAの分布は保存されているが，重複遺伝子群の大半はソルガムとイネの分岐以前にその片方が失われた。 |
| アブラナ科植物 | シロイヌナズナ<br>*Arabidopsis thaliana* | 125 | 26,207 | ゲノムのほぼ15%が転移性因子。1000万年前に *A. lyrata* から分岐した。*A. lyrata* のゲノムより80 Mbp小さい。 |
| ナス科植物 | 栽培種トマト<br>*Solanum lycopersicum* | 900 | 35,000 | ナス科に特有の遺伝子の多くは，進化の過程でおよそ6000万年前に形作られた。 |
| マメ科植物 | ダイズ<br>*Glycine max* var. Williams 82 | 1,100 | 46,430 | 8割の遺伝子が染色体の端に存在する。全ゲノム重複が5,900万年前と1,300万年前に起り，重複した遺伝子の75%が残っている。そのため遺伝子数が多い。 |
| マメ科植物 | タルウマゴヤシ<br>*Medicago truncatula* | 314 | 47,529 | 5,800万年前に全ゲノム重複が起こった。窒素固定細菌とマメ科植物との共生関係の進化に全ゲノム倍加が大きく寄与した。 |
| 木本植物 | ブドウ<br>*Vitis vinifera* var. Pinot Noir | 487 | 30,434 | テルペンやタンニンの合成に関与する遺伝子は他の植物の2倍以上ある。 |
| 木本植物 | ポプラ<br>*Populus trichocarpa* (Torr. & Gray) | 485 | 45,555 | 細胞壁を構成しているセルロース，ヘミセルロースおよびリグニンの生成に関わる遺伝子が多い。 |
| シダ植物小葉類 | イヌカタヒバ<br>*Selaginella moellendorffii* | 110 | 22,285 | ゲノムの37.5%が転移性因子。全ゲノム重複は起こらなかった。 |
| コケ植物セン類 | ヒメツリガネゴケ<br>*Physcomitrella patens* | 480 | 27,949 | ゲノムのほぼ50%が転移性因子。5,000万年前に全ゲノム重複が起こった。 |
| 緑藻類 | クラミドモナス<br>*Chlamydomonas reinhardtii* | 121 | 14,516 | 植物の光合成系遺伝子セットの完成。 |

数字はできるだけ最新のデータのものを使用した。

6.1 真核光合成生物ゲノムの特徴と進化

る。これに対して，被子植物では，シロイヌナズナのゲノムは 125 Mbp と小さいが，ユリ科バイモのゲノムは 125,000 Mbp でヒトゲノムの 40 倍以上の大きさである。シロイヌナズナの染色体ゲノムが 2,000 年に解読され，次いでイネ，ポプラ，ブドウなどおよそ 20 種の植物のゲノムが解読された。

　主要な植物の解読ゲノムの特徴をみると，ゲノムの大きさは 100 から 2,300 Mbp と植物種によって大きく異なるが，タンパク質遺伝子の数は 2 万～4 万と大きな差はない（表 6.1）。ゲノム情報から，光合成生物が陸上に進出し，維管束を発達させ，大形化し，花を咲かせるように進化してきた道筋が見えてきた。植物が多様な環境に適応する能力をどのようにして獲得してきたのであろうか。

(2) 光合成生物の進化に関与した遺伝子

　植物の植物たるゆえんは，酸素発生をともなう光合成をすることである。単細胞性緑藻のクラミドモナスは光合成に必要な全ての遺伝子セットをもっている。生物がもつ光合成能力は，単細胞藻類の時代には完成したといえる。

　自ら移動することができない陸上植物は，動物には耐えられないような乾燥，温度変化，太陽からの紫外線に耐えるさまざまなしくみを進化させ，地球上のあらゆる場所で生活している。

　2008 年に，コケ植物のゲノムがヒメツリガネゴケで初めて明らかにされた。コケ植物は 4 億 5 千万年前に現れた最初の陸上植物である。コケ植物と花の咲く植物（被子植物），さらにそれらの祖先にあたる藻類とのゲノムの比較によって，植物が陸上環境に適応する上で重要だった遺伝子が解明された。ヒメツリガネゴケのゲノムから，植物の陸上化に重要だった遺伝子候補として次の 4 つが報告されている。

A　乾燥や紫外線から身をまもるための遺伝子

　作物として利用されている被子植物の種子は高い乾燥耐性をもつが，根・茎・葉は乾燥させると死んでしまう。しかし，コケ植物は茎と葉に乾燥耐性があり，乾燥させても生きている。コケ植物は種子をつくらず胞子をつくる

陸上植物であるが，被子植物の種子の乾燥耐性にかかわる後期胚形成タンパク質（LEA）をつくる遺伝子はヒメツリガネゴケにも備わっている。またコケ植物は，乾燥に対する適応や太陽からの紫外線に耐えるしくみとして，初期光誘導タンパク質（ELIP）をつくる遺伝子をシロイヌナズナの10倍も多くもっている。これらのことは，陸上植物が進化した初期段階で乾燥耐性遺伝子が進化した可能性が高いことを示している。

### B　植物ホルモンと光受容に関連する遺伝子

オーキシンとサイトカイニンは，植物の細胞分裂と細胞成長を制御する植物ホルモンで，陸上植物の体を作り上げるうえで重要な働きをしている。また，陸上植物の形態形成は光の影響を大きく受ける。ヒメツリガネゴケは，被子植物にある植物ホルモンと光受容に関連する遺伝子のほとんどをもっている。このことは，植物の陸上化においてこれらの遺伝子が重要だったことを示している。

### C　DNA修復遺伝子

DNAは放射線や化学物質によって切れてしまうことがある。多くの生物は，こういうときにDNAをつなぎ直す修復システムと，切れているときには細胞分裂をしないようにする確認システムをもっている。ヒメツリガネゴケのDNA修復にはたらく遺伝子の多くは共通して存在するものの，相同組換えの修復システムに関わる遺伝子（*RAD51*）が1つ余分にあることや，確認システムに関わる8遺伝子のうち3遺伝子（*BRCA1, BRCA2, BARD1*）がないこと，ゲノムの安定性に関わる3つの遺伝子（*RAD54B, Centrins, CHD7*）で被子植物より藻類や動物に似ていることがわかった。

### D　被子植物と似た多くの遺伝子をもつ

ヒメツリガネゴケには，被子植物で見つかった遺伝子ファミリーの多くが存在する。これら共通の遺伝子ファミリーの中に，藻類が陸上に進出する際に必要だったと考えられる遺伝子が含まれている。シロイヌナズナの発生に

働く数百の遺伝子の8割はコケ植物ももっていることから，被子植物が分岐する前にすでに維管束植物の複雑な体制を決定する遺伝子セットを準備していたことがわかった．

## 6.2　光合成生物を特徴づける遺伝子ファミリー

### (1) 遺伝子ファミリーの獲得と植物の進化

　植物が陸上で繁栄できたのは，背丈を伸ばし大形化することができたからである．これを可能にしたのが水と栄養を運ぶための維管束組織である．

　陸上植物で維管束組織を最初に発達させたのは，4億1千万年前に出現したシダ植物である．シダ植物小葉類のイヌカタヒバのゲノムを解読したグループは，緑藻類からブドウにいたるすべての緑色植物に共通の3,814遺伝子ファミリーを見いだし，これを緑色植物に共通の祖先遺伝子とした（図6.1）．緑藻類は，さらに3,006の新しい遺伝子ファミリーを獲得することにより陸上進出を果たした．光合成生物の進化とゲノムの進化の歴史の中で最大のできごとだったといえる．

　緑色植物において，コケ植物と緑藻類は半数体世代が生活史の大半をしめ

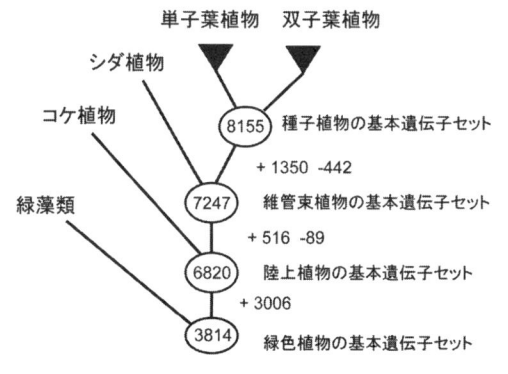

図6.1　陸上植物の進化と遺伝子ファミリーの数の関係
＋と－の数字は獲得または消失した遺伝子ファミリーの数を表す．
円内の数字は分岐位置での遺伝子ファミリーの総数を表す．
Banks et al. (2011) Science 332：960-963.

るのに対して，シダ植物と種子植物は二倍体世代が生活史の大半をしめている。シダ植物小葉類は植物の生殖戦略の転換期にあたり，生活史の転換に多くの遺伝子を必要としたと考えられる。生殖戦略の転換と維管束植物への進化には516の新しい遺伝子ファミリーが必要とされ，花をつくる被子植物への進化にはさらに1,350ファミリーが必要となった。中でも遺伝子の転写の制御にかかわるタンパク質である転写因子の増加が顕著である。ポツダム大学の植物転写因子データベースによると，シロイヌナズナには2,600の転写因子が，ヒメツリガネゴケには1,300の転写因子の遺伝子ファミリーが存在している。このようにして植物は新しい遺伝子ファミリーを生み出すことによって進化をとげてきたことがゲノム情報から見えてきた。

### (2) 光合成生物の進化にともなって巨大化した遺伝子ファミリー

　植物の進化にともない，ひとつの遺伝子ファミリーの中でその構成メンバーの数を増やしたものがある。その中でとくに興味を引くのがペンタトリコペプチドリピート（PPR）タンパク質である。

　このタンパク質は35アミノ酸の保存配列モチーフを10数回繰り返しもつ多様な構造をしている（図6.2）。シロイヌナズナのゲノムにコードされている288個のミトコンドリア輸送タンパク質のアミノ酸配列がよく保存されていることが発見され，これは35アミノ酸（ペンタトリコ）ペプチドに因んでPPRタンパク質と命名された。

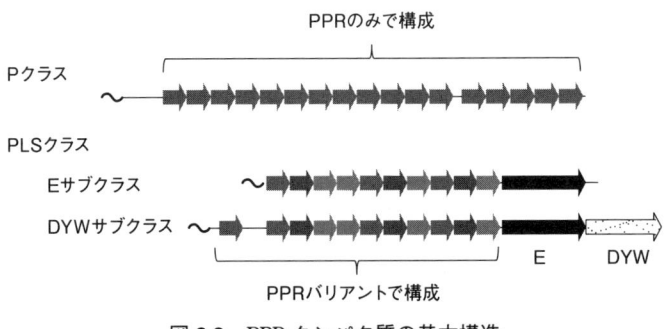

**図6.2** PPRタンパク質の基本構造

## 6.2 光合成生物を特徴づける遺伝子ファミリー

しかし，発見当時（2000年）はその機能に関する情報はまったくなかった。その後，光合成機能の異常やミトコンドリア機能不全，細胞質雄性不捻などに PPR タンパク質が関わることが明らかにされたのを契機として，PPR タンパク質の機能に関する研究が世界中の研究者によって活発に行われるようになった。

PPR タンパク質は動物，原生生物，酵母，植物にひろく分布するが，大腸菌やシアノバクテリアなどの原核生物には存在しない。動物には少ないが，植物で巨大なタンパク質ファミリーを形成しているのが大きな特徴である。植物の PPR タンパク質の大半はミトコンドリアか葉緑体に局在する。植物には PPR タンパク質のように，短いアミノ酸配列を繰り返しもつタンパク質ファミリーが他にも存在する。このうちアンキリンタンパク質（33アミノ酸リピート），TPR タンパク質（34アミノ酸リピート），WD40 タンパク質（40アミノ酸リピート）は植物の進化とはあまり関係していないのに対して，PPR タンパク質は植物の進化と密接に関連している。藻類は12個，コケ植物に100個，維管束植物に450～900個の PPR 遺伝子が存在する（図6.3）。

このように遺伝子メンバーが増大したのは，葉緑体とミトコンドリアのゲ

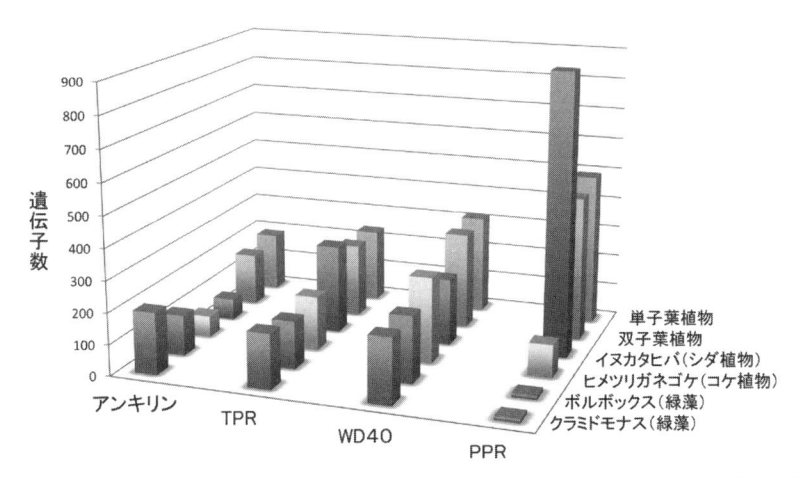

図 **6.3** 緑色植物に存在する短いリピート配列をもつタンパク質ファミリーの遺伝子数
Fujii and Small (2011) New Phytol. 191：37-47 の図2を一部改変した。

ノムの進化と関係がありそうで，中でもRNA編集との関係が注目されている。RNA編集とは，葉緑体とミトコンドリアのmRNAの特定のシチジン（C）がウリジン（U）に変換する現象のことで，コードされるタンパク質のアミノ酸置換や，開始コドンや終止コドンが形成される。このことからRNA編集はオルガネラの機能発現と植物の生育に必須な生物反応といえる。多数のCの中から特定のCを認識して編集する分子機構については長い間不明だったが，最近の研究でRNA編集部位の認識にPPRタンパク質が関与していることがわかってきた。興味深いことに，RNA編集部位の数が多い植物は，PPR遺伝子の数も多い傾向がある。またオルガネラ遺伝子に点変異が入ると，RNAのスプライシングや翻訳にはたらくシス制御配列の質が低下ないし劣化してしまう。このようなシス制御配列の機能低下を補うトランス因子としてPPRタンパク質が作用していると考えられている。

PPRタンパク質は，オルガネラ遺伝子の発現を精巧にコントロールするため多様化し，大きなファミリーを形成するようになったと考えられる。光合成機能の維持と性能の向上や植物の細胞質雄性不稔のコントロールに関わることから，PPRタンパク質は農業上とても重要な遺伝子ファミリーのひとつといえる。

## (3) 植物ゲノムの倍加と消失によるゲノムの再編成

ゲノムは前述したように，生物が成長，増殖していくために必要な染色体や遺伝子のセットのことを指しているが，ふつう生殖細胞に含まれる遺伝子を1つの単位（セット）として考えるため，多くの生物の体細胞にはゲノムが2セットあり，二倍体とよばれる。またそれより多くのゲノムのセットをもつ生物個体は倍数体とよばれる。倍数体は動物ではまれであるが，植物では非常に多く，被子植物の半数を占めるといわれている。

植物はその染色体ゲノムをまるごと重複（whole-genome duplication）することにより倍数体（たとえば四倍体）を形成し，その後の部分的な遺伝子の消失によって縮小し，以前とは異なる新しい二倍体ゲノムに変身する。植物は長い進化の過程で，この倍数体形成と新しい二倍体への再構成を繰り返

## 6.2 光合成生物を特徴づける遺伝子ファミリー

してきた。

　シロイヌナズナ，ダイズ，ブドウ，ポプラなどはこのような全ゲノム重複が少なくとも2回起こり，コケ植物では5,000万年前に1回起こったことがゲノム解析でわかった。これに対して，シダ植物のイヌカタヒバでは全ゲノム重複の痕跡はみられない。またポプラの2回目の全ゲノム重複は，シロイヌナズナの2回目の全ゲノム重複よりも最近起こったため，シロイヌナズナの倍近いタンパク質遺伝子をもっていると考えられる（表6.1）。

　1,000万年前にミヤマハタザオ（*Arabidopsis lyrata*）から分岐したシロイヌナズナのゲノムはミヤマハタザオのものよりも80 Mbpほど小さく，遺伝子の数も5,600個少ない。ゲノムの大きさの差の大部分は数十万カ所の小規模な欠失により，その多くは非コード配列と転移性因子である。このようにシロイヌナズナではゲノムDNAの喪失が進行中であるといえる。

　ゲノムの倍数化は，一度に遺伝子数を倍にするので，遺伝情報が多様化しやすい。すなわち，同じゲノムが複数存在すれば，一方が突然変異によって別の機能をもつものに変化しても，もともとの機能が損なわれることはない。また，新しいゲノムが加われば，それだけ遺伝情報量が増え，環境に対する適応性も広がると考えられる。植物は，このようにダイナミックなゲノム再編成を繰り返し，多くの新しい遺伝子ファミリーを生み出すことによって大きな進化をとげてきたのであろう。

　植物ゲノムの遺伝子の多様性を生み出しているもうひとつの大きな要因は，ゲノム上でその位置を転移することのできる転移性因子（トランスポゾン）の存在である。植物では動物よりも転移性因子が活発にゲノム内を転移する。また転移性因子が転移するさいに近傍のDNAも一緒に転移してしまうため，遺伝子構造を変え新しい遺伝子をつくるのと同時に，遺伝子発現を制御する領域にも大きな影響を及ぼすことにもなる。

　ゲノムには，RNAやタンパク質をつくる遺伝子コード領域と，作らない非コード領域があるが，非コード領域には遺伝子の発現を調節する働きをする部分が含まれている。これら二つの領域が進化によって変化する速さを比較すると，一般に遺伝子コード領域に比べて，非コード領域の進化速度は速

いとされている。ただし動物では，一般に非コード領域の進化速度は比較的遅く，たとえば600～500万年前に分岐したチンパンジーとヒトの間ではDNA配列はわずか数％異なっているにすぎず，また4億年前に分岐した魚と霊長類の間でも比較的よく保存されている。

一方，植物ではこのようなことはなく，およそ1億6千万年前に分岐したイネとシロイヌナズナ，1,200～500万年前に分岐したトウモロコシとソルガム（モロコシ），イネとソルガムのゲノムを比較しても，それぞれの種の間で非コード領域のDNA配列に共通性はほとんど見つからない。またトウモロコシでは同じ種であっても品種がちがうと約20％も異なっている。上述したようにこれらの領域には遺伝子の発現を制御する部分が含まれるため，植物では動物の遺伝子よりも発現制御の機構が速く進化すると考えられる。

## 6.3 葉緑体DNAの核移行 ── 過去と現在

### (1) 葉緑体から核へのDNAの大規模転移

葉緑体は約16億年前に，シアノバクテリアの一次細胞内共生によって誕生した。シアノバクテリアの染色体DNAには3,000をこえる遺伝子が存在するが，その子孫にあたる葉緑体は100～200個程度の遺伝子しかもっていない。これは，共生したシアノバクテリアの大半の遺伝子がシアノバクテリアを取り込んだ宿主細胞の核に転移したか消失したためである。シアノバクテリアから宿主への遺伝子とタンパク質の流れを図6.4に示す。

核に転移したうちの半分は，葉緑体ではなく宿主細胞自体のために使われている。シロイヌナズナの全タンパク質遺伝子の18％に相当する4,500遺伝子はシアノバクテリア起源だと見積もられている。一方，ミトコンドリアは18億年前に宿主細胞に取り込まれた$\alpha$プロテオバクテリアを起源としている。

シロイヌナズナの葉緑体に存在するタンパク質は3,000種，ミトコンドリアは2,000種と概算されている。このうち葉緑体遺伝子にコードされているものは87種で，ミトコンドリア遺伝子コードのものは50種にすぎず，残り

6.3 葉緑体DNAの核移行 — 過去と現在

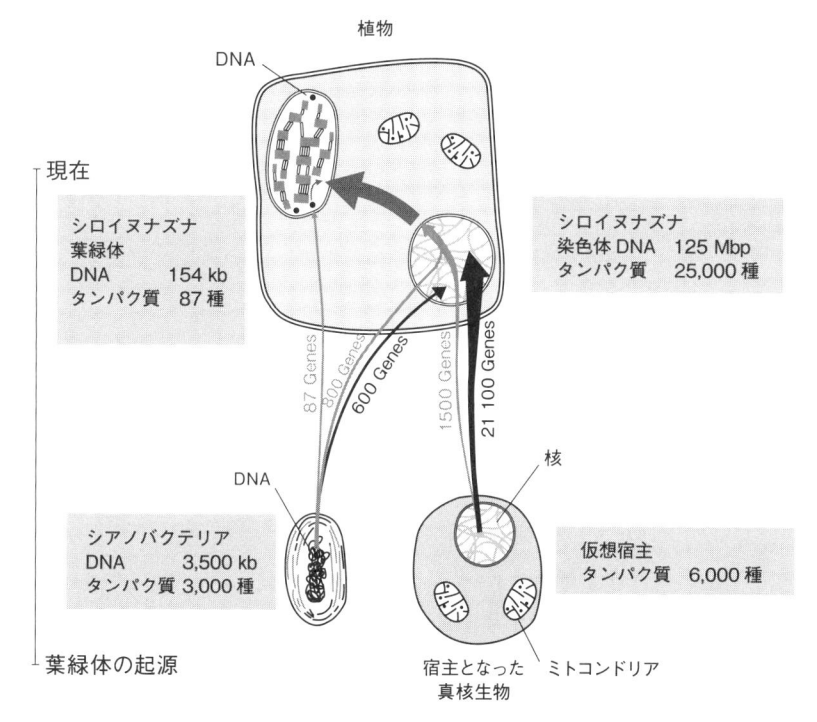

**図 6.4** 細胞内共生によってシアノバクテリアから宿主核に移った遺伝子の数と葉緑体に供給されるようになったタンパク質の数の推定（口絵参照）
Abdallah et al.（2000）Trends Plant Sci. 5：141-142 の図1を一部改変した。

の95％以上は核遺伝子にコードされている。

核遺伝子コードのタンパク質は細胞質のリボソームで前駆体タンパク質として合成された後で，葉緑体かミトコンドリアに輸送される。葉緑体の獲得につながるシアノバクテリアの細胞内共生の初期に，細胞に取り込まれたバクテリア共生体のゲノムは，いったんまるごと核に転移し，しばらくの期間，核と共生体の両方に共生体のゲノムDNAが共存していたと想像される。

一方，細胞内共生の過程が進行して，葉緑体とミトコンドリアに進化してからも，核ゲノムへの転移が起こったことを示す痕跡が，30年前にホウレンソウで初めて見いだされた。また最近のゲノム解析で，シロイヌナズナの第2染色体の中に620 kbのミトコンドリアDNAが存在することや，イネ

のゲノムに800 kb 以上の葉緑体 DNA が挿入されていることなどが明らかにされた。このような挿入 DNA 配列は葉緑体 DNA やミトコンドリア DNA の配列と95% 以上同一であることから，核ゲノムへの転移は比較的最近のできごとであったと推定される。もちろん，もっと早い時期に核に転移した DNA 配列もあったと考えられるが，それらは塩基置換，挿入や欠失などによってすっかりその姿を変えてしまっているため，その存在を確認することは困難である。

　細胞内共生の結果，葉緑体に少数の遺伝子だけを残して，大部分は核に転移した遺伝子を残すようになったが，どちらを残したかは植物によって異なっている。葉緑体 RNA ポリメラーゼのサブユニットをコードする4つの遺伝子（rpoA〜rpoC2）とシグマ因子をコードする rpoD は，大部分の植物（真核光合成生物）では前者を葉緑体に，後者を核転移のものをそれぞれ残した。しかし，コケ植物の一部（ヒメツリゲネゴケなど）は rpoA も核転移したものを残している（図6.5）。同様に，葉緑体リボソームを構成するタンパク質の一部（S16 タンパク質など）や翻訳開始因子 IF1 も植物種によって葉緑体か核のどちらかに遺伝子を残している。このような違いは偶然の結果

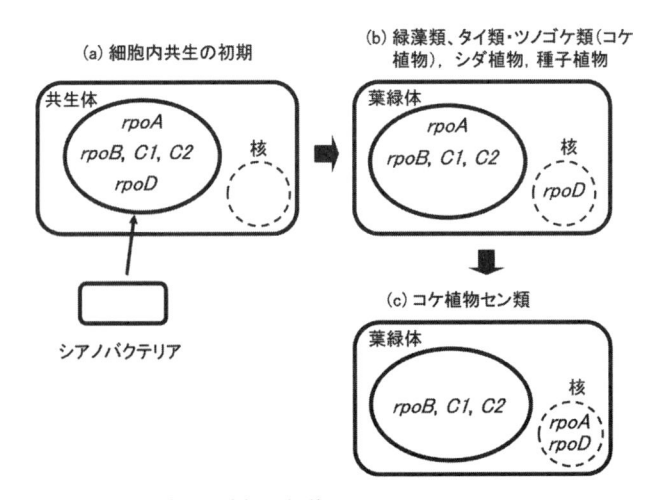

図 6.5　共生体から核への遺伝子転移
Sugita and Aoki（2009）Ann. Plant Rev. 36：182-210 の図8.3を一部改変した。

6.3 葉緑体 DNA の核移行 —— 過去と現在　　　　　　　　　　　　　　　137

なのか，あるいは必然性があってのことなのかは不明である。

**(2) 葉緑体から核への DNA 転移を再現する**

　葉緑体から核への DNA 転移が，葉緑体の獲得の初期だけではなく，最近まで引きつづき起こっていたできごとだったとすると，現在でも起こっている現象なのかもしれない。この可能性を支持する実験結果も示されている。

　シアノバクテリアを起源とする葉緑体は，遺伝子の相同な DNA 配列の部分で引き起こされる組換え（相同組換え）の能力を保持しているため，葉緑体 DNA と相同な配列の DNA を葉緑体ゲノムに組み込む性質がある。この性質を利用して，葉緑体ゲノム中に外来遺伝子を組み込んだ葉緑体形質転換植物をつくることができる。葉緑体形質転換技術は，医薬品などの有用物質生産に応用できるため，その実用化をめざした研究が行われている（7 章を参照）。

**(3) 核に転移した葉緑体遺伝子の機能新生**

　核ゲノムに転移した葉緑体遺伝子は，核の中では発現できない「非機能遺伝子」にすぎない。これが機能遺伝子になるには，核で働くプロモーターを獲得する必要がある。そこで，核に転移した葉緑体遺伝子が核の中で発現する「機能遺伝子」に変身するのを再現できるかどうかが検討された。すなわち，転移した葉緑体遺伝子が機能を発揮するには，既存の核遺伝子プロモーターを利用するか，核ゲノム中に含まれている潜在性のプロモーターを偶発的に獲得することが必要である。実験結果はこれを見事に実証してみせた。

　一方，核に転移した葉緑体 DNA 配列の大部分は，非機能遺伝子として核ゲノムの中に埋もれた状態でも存在している。このような DNA は植物の進化にどのような役割を果たしたのであろうか。

　前節 6.2（3）で述べたように，植物ゲノムはめまぐるしく重複，欠失，転移，組換えを繰り返している。植物ゲノムのこのような特性によって，核ゲノム中に眠っているシアノバクテリア由来の DNA が，新しい遺伝子を新生するための部品として利用されてきたと推定される。そのことを示唆するさ

まざまなキメラ遺伝子の存在も報告されている。

　植物がもつ物質生産力や環境適応力の源となる遺伝子や，作物や薬用植物などの有用な形質を決定する遺伝子を見つけ出し，作物などの改良に利用することによって，製薬やバイオマス生産を含む農林業への応用が進むと期待される。

　2008年にスタートした1,000植物ゲノムプロジェクトでは，多くの薬用植物，数百の緑藻類を含む1,089種の植物（真核光合成生物）ゲノムを数年間で解読する計画である。また，世界中に分布するシロイヌナズナ1,000個体をシーケンスする1,001ゲノムプロジェクトは，2013年末に完了する予定である。この他に，トウモロコシゲノムプロジェクト，裸子植物ゲノムプロジェクト，シダ植物ゲノムプロジェクトなどが目白押しに進行している。

　藻類を細胞内に取り込み，共生関係を維持しながら生活している生物が地球上には多数生息している。異種生物間の共生関係は細菌，菌類，藻類，原生生物，軟体動物や植物の間でも多く見られる。細胞共生の途上と思われる生物のゲノムを解析することにより，共生体から核への転移のようすをリアルタイムで詳細に観察することが可能な時代である。植物ゲノム進化の研究者たちは現在「heady days to study plant genome evolution」（植物ゲノム進化を研究するめくるめく日々）の中で研究を行っている。今後の研究の進展が楽しみである。
　　　　　　　　　　　　　　　　　　　　　　　　　　　　　　（杉田）

### ＜参考文献＞

The Arabidopsis Genome Initiative. Analysis of the genome sequence of the flowering plant *Arabidopsis thaliana. Nature* 408, 796-815, 2000.

NCBIゲノムデータベース
　（http://www.ncbi.nlm.nih.gov/genomes/PLANTS/PlantList.html）

「植物の進化」清水健太郎・長谷部光泰監修，秀潤社，2007年

「進化し続ける植物たち（植物まるかじり叢書4）」葛西奈津子・日本植物生理学会著，化学同人，2008年

# 7章
# バイオテクノロジーの現状と課題

　植物，すなわち光合成生物はさまざまな環境に対応するために，何億年もの時間をかけて進化して現在の姿となり，地球上のさまざまな環境下で生育している。光合成生物は光合成，形態形成，物質生産，環境応答など，それが営むあらゆる機能のバランスを保ちながら進化してきた。つまり，植物種によって，生育する環境によって異なる性質を示すのは，光合成生物がその環境で生育するための"better"な選択を行ってきた結果であると思われる。しかし，現在の地球上では，異常気象，砂漠化，塩害，病気などにより，これまで光合成生物が進化してきた年月と比較すると，現在の植物を取り巻く地球環境の変化は劇的に速く，現存する光合成生物が進化過程で得た能力だけで生育するには恵まれた環境とはいえない状況にある。さらに，農作物としての植物に課せられた人類のための食糧生産の面からみても，世界の急激な人口増加と相まって，現在の植物のもつ能力では賄いきれないのが現状かもしれない。

　わが国を例にとっても，食糧自給率は40％程度であり，日本人全員が食事摂取基準（エネルギー）を満たし，海外から食糧や飼料を輸入しなくてもすむようになるためには，現在の生産性を約2倍に引き上げなければならない。最も簡単に植物の生産性を向上させる方法は，農地面積を増やして主要な穀物を栽培することである。しかし，わが国だけでなく，世界をみても"緑の革命"以降，植物が生育可能な土地はほとんどが耕作地として開拓されており，これ

以上増加させるのは現実的には無理な状況にある。したがって，現在と同じ耕作面積で栽培するのであれば，植物個体当りの生産性を約2倍に向上させなければならない。そのため人類は，植物バイオテクノロジーを駆使して植物の能力を選択的に強化することにより，本来の能力以上の物質生産を行わせ，また植物が好まない環境でも生育することを可能にする分子育種に挑戦しようとしている。

　本章では，人類の力で植物をどのように変えようとしているのかを，植物バイオテクノロジーによる分子育種の概要およびこれまでに作り出されてきた遺伝子組換え植物を紹介するとともに，人類は植物を作り換えて何を目指そうとしているのかを考えてみたい。

## 7.1 核ゲノムへの遺伝子組換え技術

　現在の農作物のほとんどが，長年の育種（交配と選抜）の繰り返しによって得られたものである。つまり，人工的に繁殖させることによって遺伝子組換えを起こし，その中から人が好む植物を選んでいるのである。この方法では，目的としない形質（遺伝子）も組変わってしまうため，それらを取り除くために戻し交配という作業を繰り返さなければならない。このような従来の方法では，優良な1品種を育種するのに10年以上もの時間と苦労を要する。それに対して，遺伝子組換え技術は目的の遺伝子のみを導入するため，従来の煩雑な作業は少なく，非常に短期間で有用作物を作り出すことができる。さらに，従来の育種では不可能であった異種生物由来の遺伝子の導入も可能である。

　植物の遺伝子組換え（遺伝子導入）技術としては，核ゲノムへの遺伝子導入が一般的であり，その手段としてはアグロバクテリウムを介した方法が広く用いられている。アグロバクテリウムは，自然界に存在する土壌細菌であり，植物に感染した際に自己の遺伝子を植物核内に導入し，アグロバクテリウムの栄養源となるタンパク質や植物ホルモン合成酵素などを植物細胞に作らせ，クラウンゴールという腫瘍を作らせる能力をもっている。つまり，ア

## 7.1 核ゲノムへの遺伝子組換え技術

　アグロバクテリウムは，自然界で遺伝子組換え植物を作り出し，利用している微生物である。アグロバクテリウムは，植物に導入される遺伝子を他の遺伝子に置き換えても，植物に遺伝子導入する能力を失わないことから，この能力を利用して遺伝子組換え植物をつくることができる。他にも，エレクトロポレーション，パーティクルガンなどによる物理的な導入方法があるが，いずれにしても，遺伝子が導入されるのは植物の一部分の細胞のみである。

　遺伝子組換え植物を作るためには，すべての細胞に遺伝子が導入された状態にする必要がある。そのため，たくさんの細胞の中から遺伝子が導入された細胞だけを選び出すために，カナマイシンやハイグロマイシンなどの抗生物質に抵抗性になる遺伝子（マーカー遺伝子）を同時に導入し，抗生物質を含んだ培地で植物を育てると，遺伝子が導入された細胞だけが生き残る。

　植物細胞は，1個の細胞からあらゆる細胞に分化し，正常個体になれる"分化全能性"という能力を有している。遺伝子組換え植物を作るためには，この能力を利用して，遺伝子が導入された1つの細胞から植物体を再生する"再分化"技術を確立することが不可欠となる（例外として，シロイヌナズナでは，植物体にアグロバクテリウムを浸潤させることにより花で感染・遺伝子の挿入が起こり，得られる種子中に遺伝子の導入されたものが含まれるため，再分化技術を必要とせずに形質転換植物を作ることが可能である）。ある植物種ではアグロバクテリウムが感染しない，またある植物種では組織培養によって再分化することができないというように，植物種によって再分化するための条件は異なるが，植物種ごとに適した組織の選択，感染条件，再分化条件の検討が行われ，遺伝子組換え技術を利用できる植物種は年々増加している。

　現在，外来遺伝子の過剰発現株，内在性遺伝子の発現抑制株（アンチセンス，RNAiなど），遺伝子欠損株（ノックアウトミュータント）などを含めた形質転換植物が世界中で用いられているが，そのほとんどが核ゲノムに何らかの遺伝子が導入された植物である。核ゲノム上の特定の位置に遺伝子を挿入するジーンターゲッティングの試みも行われているが，現時点では核ゲノム中のどの部分に，いくつの遺伝子が導入されるのかをコントロールする

のは難しい。

## 7.2 植物バイオテクノロジーによる生産性の向上

2章で詳しく説明したように，光合成生物としての植物は葉緑体で水と光エネルギーから化学エネルギー（NADPH, ATP）をつくり出すことができる。さらに，カルビン回路によって，化学エネルギーを用いて大気中の $CO_2$ からグルコース，すなわち無機の炭素から有機の炭素化合物を生合成している。この糖は植物体内でデンプン，セルロース，各種タンパク質や脂質などへと変換されていく。維管束植物は大きく**ソース器官**（生命維持に必要な物質を吸収・合成し，細胞外へ放出する：葉など）と**シンク器官**（物質を積極的に吸収し，利用または蓄積する：穂，塊茎，塊根など）に分けられ，植物の成長はシンクおよびソース機能をもつ器官と物質転流を行う器官の共存，さらにはこれらの機能のバランスによって成り立っている。

現在の環境で生育する植物にとって，生産性を制限する要因となるのは次の二つである。一つは植物の光合成炭素代謝能力である。ソース器官である葉での光合成（$CO_2$ 固定）能力，生合成したグルコースをショ糖へと変換し，植物体内を移動させる転流能力，イモや稲穂などのようなシンク器官で糖を蓄積させる貯蔵能力である（図7.1）。これらは，それぞれの植物種がもつ遺伝的な要因によって決まる。光合成能力が高くなれば，生産されるグルコースは当然多くなるし，そのグルコースを効率よくショ糖やデンプンに変換し，貯蔵器官に蓄積できれば，イモやイネなどの食糧バイオマスの増大につながる。

もう一つは，環境から受けるさまざまな環境ストレスによって植物の生育が抑えられるということである（図7.2）。アメリカの植物科学者 J. ボイヤーの報告によると，植物が遺伝的にもつ能力を100％とすると，病害，虫害，動物による捕食などによって7％弱が減少してしまう。また，雑草が周囲に生えることによる栄養不足および日照不足によって3％弱が減少してしまう。このような，他の生物による抑制を**生物的ストレス**とよび，合計すると

7.2 植物バイオテクノロジーによる生産性の向上　　143

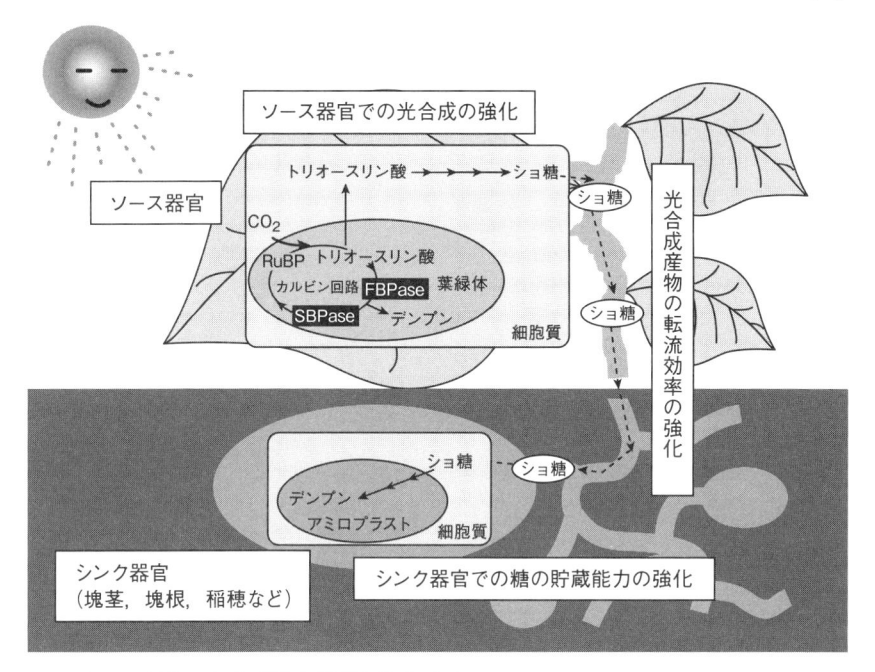

**図7.1　植物の光合成炭素代謝と強化ポイント**
高等植物は大きくソース器官（生命維持に必要な物質を吸収・合成し，細胞外へ放出する：葉など）とシンク器官（物質を積極的に吸収し，利用または蓄積する：穂，塊茎，塊根など）に分けられ，植物の生長はシンクおよびソース機能をもつ器官と物質転流を行う器官の共存，さらにはこれらの機能のバランスによって成り立っており，植物の生産性を強化するためには，これらを強化することが重要である。ソース器官細胞の葉緑体では，光合成炭素代謝に機能するフルクトース-1,6-ビスホスファターゼ（FBPase）とセドヘプツロース-1,7-ビスホスファターゼ（SBPase）が律速因子であると考えられる。

10%程度の生産性減少の原因となる。

　さらに，自然環境中の光（強光，日照不足），水（干ばつ，水没），温度（高温，低温，凍結），風，土壌に含まれる成分（塩，金属など）といった非生物的なストレスによっても植物の生育は制限され，これらによる生産性の減少は約70%にもおよぶ。したがって，これらの生物的，非生物的ストレスによって，植物は現状として本来の20%強の能力しか発揮できていないということになる。このようなストレスをできるだけ受けないように，温室などで植物が好む環境を整え，まったくストレスを受けない環境で大切に育

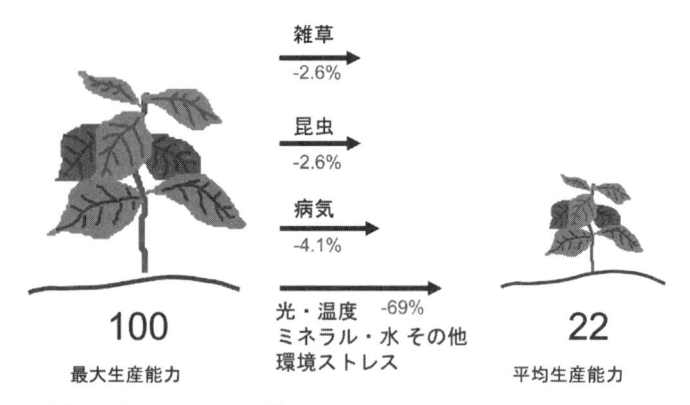

**図 7.2 環境ストレスによる植物の生産性抑制（口絵参照）**
雑草，昆虫，病気などの生物的，および環境ストレスによって一般的な作物が有する最大生産能力の約 22% しか発揮できていない。この減少を抑えることが出来れば，作物の生産性を高めることが可能となる。

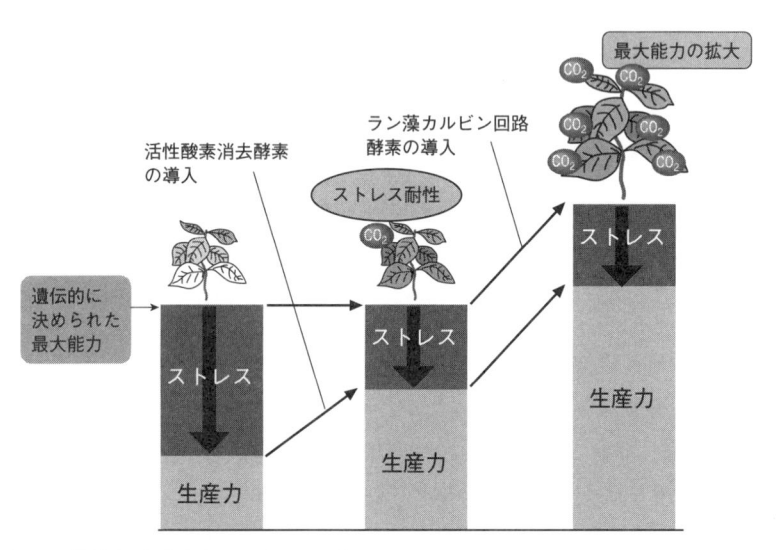

**図 7.3 植物生産性向上のストラテジー**
作物の生産性を上げるためには，①ストレスによる減収を抑える，②作物が有している最大能力を向上させる，という 2 つが考えられる。一例として①には活性酸素消去酵素を導入することによりストレス耐性能を強化，②にはカルビン回路の酵素を導入することにより光合成機能を強化することが有効。

てれば生産性を上げることはできるが，すべての植物をこのように育てるのは不可能である。

これらの事実を踏まえて，いかに植物（農作物）の生産性を向上させるかを考えると，植物バイオテクノロジーによる分子育種を用いて，光合成炭素代謝能力を向上させ，種々の環境ストレスに対して耐性能を獲得させるかということが重要なストラテジーとなる（図7.3）。これらの視点から，世界中で多岐にわたる遺伝子導入植物が作出・解析がなされている。

以下に，光合成能力の強化および環境ストレス耐性能の強化により生産性を向上させた形質転換植物を中心に，世界中で注目されている形質転換植物を紹介する。

## 7.3　光合成炭素代謝能力の強化による生産性増大

### (1) ソース器官での光合成機能を向上させた植物

前述の通り，植物の葉緑体では大気中の$CO_2$を取り込んで，カルビン回路によって糖にエネルギーを蓄えている。地球上で最も多量に存在する酵素であるリブロース-1,5ビスリン酸カルボキシラーゼ/オキシゲナーゼ（Rubisco：ルビスコ）によって取り込まれた$CO_2$は，合計11種類の酵素からなる13段階の反応によって様々な炭素数（3～7個）の糖に変換され，一部は葉緑体内でデンプンに，一部は細胞質でショ糖に変換され，炭素を含む種々の化合物へと変換される（図7.4）。

しかし，カルビン回路のすべての酵素が同じ能力で機能しているわけではない。これまでに，光合成能や炭素分配に影響を及ぼすカルビン回路の律速段階や律速因子を明らかにするために，個々の酵素の発現を抑制した形質転換体が多く作られている。結果として，ほとんどのカルビン回路の酵素活性をある程度減少させても，それに伴った光合成による$CO_2$固定能の減少を示さないことが明らかにされた。中には，活性が1/10程度に低下しても，光合成活性に変化が見られない酵素もある。これらの結果は，カルビン回路の多くの酵素は，光合成能を維持するのに十分量存在していること示してい

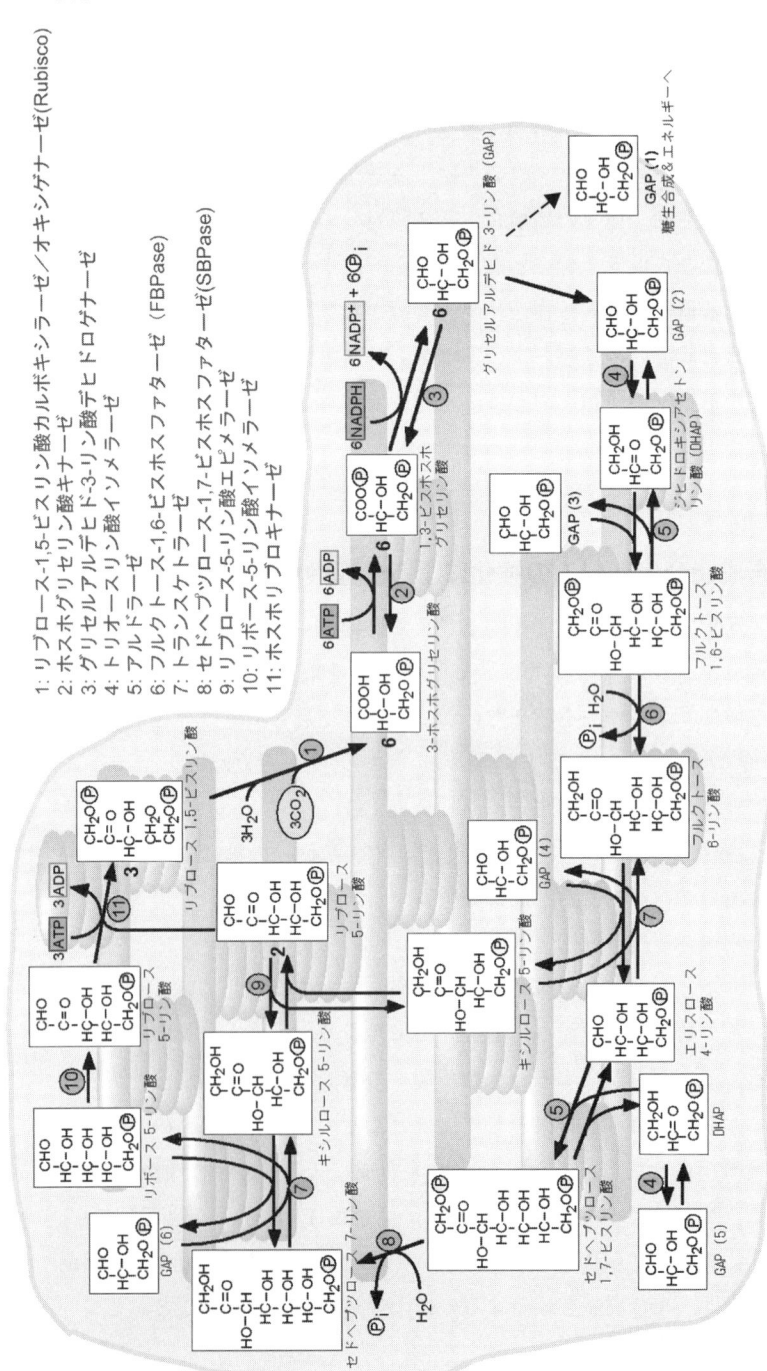

図 7.4 カルビン回路
高等植物のカルビン回路（炭酸固定経路）。葉緑体に存在する11種類の酵素による13段階の反応によって、二酸化炭素（$CO_2$）から糖が作られる。葉緑体内では、フルクトース6-リン酸から分岐してデンプンが合成される。一部のトリオースリン酸（GAPもしくはDHAP）が細胞質に移動した後に、ショ糖が合成される。

1: リブロース-1,5-ビスリン酸カルボキシラーゼ/オキシゲナーゼ(Rubisco)
2: ホスホグリセリン酸キナーゼ
3: グリセルアルデヒド-3-リン酸デヒドロゲナーゼ
4: トリオースリン酸イソメラーゼ
5: アルドラーゼ
6: フルクトース-1,6-ビスホスファターゼ (FBPase)
7: トランスケトラーゼ
8: セドヘプツロース-1,7-ビスホスファターゼ (SBPase)
9: リブロース-5-リン酸エピメラーゼ
10: リボース-5-リン酸イソメラーゼ
11: ホスホリブロキナーゼ

る。すなわち，これらのタンパク質をさらに増加させてもメリットはない。

カルビン回路の酵素の中で，フルクトース-1,6-ビスホスファターゼ（FBPase）とセドヘプツロース-1,7-ビスホスファターゼ（SBPase）の発現抑制株は，それぞれの活性の減少に伴って，光合成能力が低下する。この結果は，FBPaseとSBPaseによる酵素反応が，カルビン回路の炭素の流れの制限（律速）になっていることを示している。つまり，FBPaseおよびSBPase活性を増大させることにより，カルビン回路の炭素の流れを太くし，光合成機能を強化できると考えられた。

一方，陸上植物と同様の光合成を行っているシアノバクテリアには，一つのタンパク質でありながらFBPaseとSBPaseの両方の活性を有するという種子植物に存在しないユニークな酵素が存在することが見いだされた（2つの活性を有していることから，フルクトース-1,6-/セドヘプツロース-1,7-ビスホスファターゼ：FBP/SBPaseと名付けられた）。この酵素は，1) 動植物に存在するFBPaseおよびSBPaseとは一次構造が全く異なる，2) 酸化還元による活性調節を受けない，3) 陸上植物には存在しない，などの特徴を有していた。これらの事実は，一つの遺伝子を導入するだけで，強化したい二つの酵素活性を同時に上昇させることができるだけでなく，陸上植物の酵素とは異なる分子特性をもつ藻類の酵素は，葉緑体での代謝産物による調節を受けず，ジーンサイレシング（導入した遺伝子に起因する内在性の遺伝子発現低下）も抑制できるという利点をもっていること示唆していた。これまでは，これらの性質が原因で，陸上植物由来の光合成関連遺伝子を陸上植物に導入しても良い結果が得られていなかった。そこで，シアノバクテリアから単離したFBP/SBPase遺伝子を導入した形質転換タバコが作出され，光合成機能や生産性に及ぼす影響が検討された。

外来の遺伝子を植物に導入する場合，1) いつ？，2) どこで？（どの組織？どのオルガネラ？），3) どれくらい？　発現させるのかを制御する必要がある。カルビン回路で機能する遺伝子は，光合成を行うソース葉（緑色組織）で発現させる必要がある。さらに，核ゲノムに導入した遺伝子はmRNAを経て，リボゾームでタンパク質になる。カルビン回路の酵素は，葉緑体内で

機能するため,リボソームから葉緑体まで移動させなければならない。そのため,植物へ遺伝子を導入する際には,発現場所および時期を制御するプロモーター,葉緑体への移行シグナルを上手く利用する必要がある。

アグロバクテリウムを介してタバコの核ゲノムに導入した植物体のうち,葉緑体に FBP/SBPase が発現していることを確認した形質転換体の中から,全 FBPase 活性および SBPase 活性の最も高い株と,中間に位置する株を用いて諸性質を比較したところ,どちらの形質転換タバコも,野生株と比較して生育が速く,茎,葉などは著しく発達し,最終的な背丈および乾燥重量は 1.5 倍に上昇していた(図 7.5)。形質転換体では,$CO_2$ を取り込む酵素である Rubisco の活性が上昇するとともに,光合成能力が 24% 上昇していた。このような現象は FBPase および SBPase 活性の増加量に依存して見られた。カルビン回路は全ての植物の光合成で共通している $CO_2$ 固定経路であるため,この技術はさまざまな植物(穀物)への応用が可能であると考えられる。実際に,イネ,ジャガイモ,サツマイモ,レタスなどの実用植物への応用が試みられている。

葉緑体カルビン回路への $CO_2$ の供給経路の強化も重要となる。トウモロ

**図 7.5** シアノバクテリア由来 FBP/SBPase を導入した形質転換タバコ
(口絵参照)
播種後 18 週目のタバコ。右の 4 つが FBP/SBPase 遺伝子導入タバコ。右 2 つは FBPase 活性が高い株,中央 2 つが中程度の株。FBPase 活性の強さに応じて,葉,茎,根の成長が良くなっていることがわかる。左の 2 つは対照としての野生株。

7.3 光合成炭素代謝能力の強化による生産性増大　　　　　　　　　149

コシやサトウキビなどの $C_4$ 植物が $C_3$ 植物（イネなどの主要作物は $C_3$ 植物である）より効率のよい光合成機能をもつのは，$C_4$ 植物が $C_3$ 植物よりも効率よく大気中の $CO_2$ を取り込むことができるからである。$C_4$ 植物は $C_3$ 植物とは異なり，カルビン回路で炭素を固定する前に $CO_2$ を取り込むための経路（$C_4$ 経路）を有しており，細胞内に $CO_2$ を濃縮することができる。$C_4$ 経路の関連酵素やトランスポーターを導入することにより，$C_4$ 光合成システムを $C_3$ 植物に付加することが可能と期待され，形質転換植物の作出が試みられている。

### (2) 転流効率を向上させた植物

　葉緑体カルビン回路で合成されたトリオースリン酸（炭素が3つの糖にリン酸が結合したもの）は，トリオースリン酸-リン酸トランスロケーターを通って細胞質へと移動し，細胞質でのショ糖生合成に用いられる。細胞質でのショ糖生合成能が葉緑体内の光合成能に及ぼす影響を明らかにするために，FBP/SBPase を細胞質に導入することでショ糖生合成能を強化した形質転換植物が作出された。この植物を大気 $CO_2$ 環境下（360 ppm）で栽培した場合，光合成能および生育は野生株とほとんど同じであったが，高 $CO_2$ 環境下（1200 ppm）では，形質転換株の側枝数，葉数が増加するという形態的な変化が見られ，乾燥重量が増大していた。

　また，野生株ではソース葉にヘキソース類が蓄積していたのに対し，形質転換株のソース葉ではその蓄積が認められずシンク葉でのショ糖およびデンプンの蓄積が増大していた。このことから，細胞質 FBPase はショ糖合成系では炭素の流れを制御する重要な位置にあること，またヘキソースやショ糖などの糖バランスが植物ホルモンなどを介した形態形成のシグナルとなる可能性が示唆された。

　このように，遺伝子組換え技術により炭素代謝系の一部を変化させることは，他の代謝系にも影響を及ぼすことが明らかとなり，一見関係のないように思える代謝系が，実はクロストークしているということが新たに見えてきた。

## (3) シンク機能を向上させた植物

　細胞質で合成されたショ糖は，ソース葉から師部，師管を通ってシンク器官へと移動し，アミロース，アミロペクチン（デンプン）へと変換され蓄積される。デンプン生合成の律速酵素である ADP グルコースピロホスホリラーゼ（AGPase）をポテトに導入した場合，植物体全体に恒常的に発現させると生産性の増加は認められなかったが，代謝産物による調節機能を欠損させた AGPase 遺伝子を塊茎アミロプラストで特異的に発現させると，塊茎のデンプン量の増加が見られた。この事実は，律速酵素の活性の調節やその発現部位が代謝系に大きく影響を及ぼすということを示す結果である。

　また，稲穂の穀粒数を増加させたイネも作られている。日本人が好むイネ品種の一つであるコシヒカリ（ジャポニカ米）と，穀粒数が多いハバタキ（インディカ米）を交配することにより，粒数を多くする原因遺伝子と，重い稲穂に耐えられるよう背丈を低くする原因遺伝子が突き止められ，それぞれの遺伝子をイネに導入している。これにより，米粒の食味や形状はコシヒカリと同じであり，穀粒数が従来の品種に比べて 26% 多くて生産性が高いが，背丈は 18% 低く倒れにくくなった（図7.6）。このように，シンク能力を高めるとともに，植物種に独特な形状を工夫することによっても生産性を向上させることができる。

**図7.6　遺伝子組換えにより穀粒数が増加したイネ**
左端が対照としてのコシヒカリ野生株。中2つが，2つの原因遺伝子をそれぞれ改変した形質転換イネ。右端が原因遺伝子2つを改変した形質転換イネ。遺伝子導入により，背丈や粒数が変化していることがわかる。
(Ashikari M. et al., 2005 より転載)

## 7.4 環境ストレス耐性能の強化による生産性増大

### (1) 非生物的ストレス耐性能を向上させた植物

　前述の通り，植物が受けるストレスの大部分が環境からの非生物的なストレスである。植物は地中に根を張り，成長，開花，結実と，一生を同じ場所で過ごす。成長が早い植物でも2ヶ月ぐらいは同じ場所に居続けることになる。仮に環境が悪くなったとしても，動物のようにその場から移動することはできない。そのために，植物は周りの環境を迅速かつ鋭敏に感知し，自分の能力を駆使して耐えて生育できるようにと進化してきた。

　植物は常に太陽光にさらされており，光合成により細胞内酸素（$O_2$）濃度が高い環境下におかれている。さらに，ストレスを受けることによって，植物細胞内では過酸化水素（$H_2O_2$）やスーパーオキシドアニオン（$O_2^-$）などの活性酸素種（Reactive Oxygen Species：ROS）が多量に生成され，タンパク質，膜などの非特異的酸化などが引き起こされる。したがって，光合成生物にとって光（強光）および$O_2$（ROS）による酸化ストレスへの応答と耐性能の獲得は，進化過程において非常に重要な問題であったと考えられる。さらに，植物は種々の環境要因（強光，低$CO_2$，低温，凍結，乾燥，高$O_2$，紫外線，重金属，種々の化学物質，塩など）によってもROSを生じる。このような事実から，環境ストレス耐性能を付与するためには，ROSを消去する能力を高めることが重要であると考えられ，さまざまな抗酸化酵素遺伝子を導入した形質転換植物の作出が行われてきた（図7.7）。

　植物に環境ストレス耐性を獲得させることは，耕作地として不適当な土地（寒冷地，乾燥地，塩積地など）での栽培をも可能にする。前述のような環境要因での主要なROS発生部位となる葉緑体に注目し，$H_2O_2$消去酵素である大腸菌カタラーゼ（KatE）や葉緑体チラコイド膜結合型アスコルビン酸ペルオキシダーゼ（tAPX）遺伝子を葉緑体に導入した形質転換タバコは，砂漠に近い環境（乾燥/強光ストレス，灌水なし）が数日間続いても枯れることはなく，元気に生育を続けた。また，除草剤であるパラコート処理（細胞内にROSが多量に生成される）による酸化ストレスに対して耐性能が向

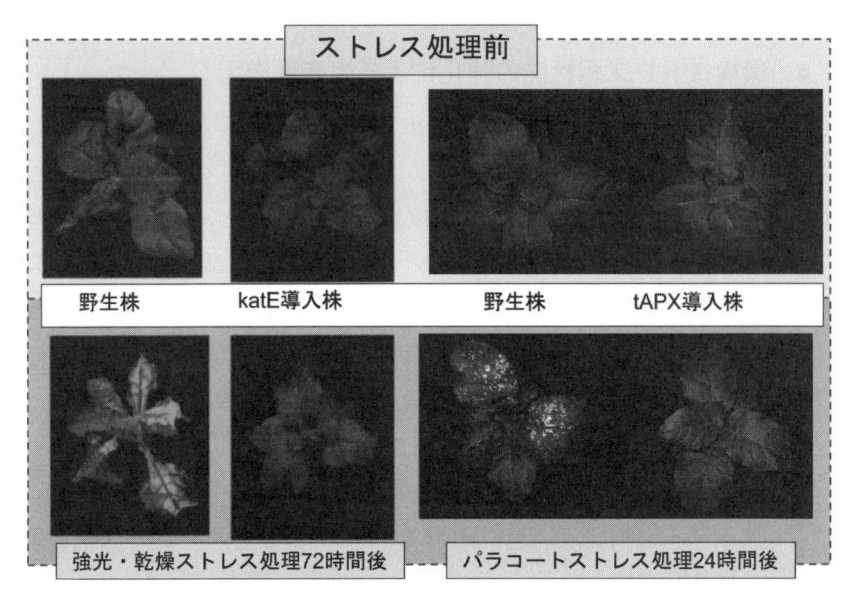

図 **7.7** 活性酸素消去酵素遺伝子を導入した形質転換タバコ（口絵参照）
大腸菌カタラーゼ（katE）を葉緑体で発現させたタバコ（左から2列目）は，野生株に比べて強光・乾燥ストレスを受ける環境でも枯れないことがわかる。また，葉緑体チラコイド膜結合型アスコルビン酸ペルオキシダーゼ（tAPX）を導入したタバコは，活性酸素を生じる薬剤（パラコート）を噴霧しても，枯れないことがわかる。

上した系統の解析から，Nudix（Nucleoside diphosphtatelinked to some moiety X）hydrolase をコードする遺伝子の過剰発現が，パラコート処理や高塩濃度などの種々のストレスに対する耐性能の向上に寄与することが明らかにされている（図7.8）。

Nudix hydrolase は，8-oxo-dGTP，ADP-リボース，NADH，CoA，FAD などの細胞毒性物質やレドックス制御物質が含まれるヌクレオシド2-リン酸類縁体を加水分解するタンパク質ファミリーである。生物にとって，その遺伝情報を担うゲノムDNAを正確に子孫に伝え維持することは最も基本的な生物学的機能であるが，ヌクレオチドはROSにより酸化されると8-oxo-dGTPや2-OH-dATPなどの酸化体となり，DNA突然変異を引き起こす原因となってしまう。シロイヌナズナAtNUDX1はDNAの8-oxo-dGTPおよび8-oxo-GTPに対する加水分解活性を有しており，AtNUDX1を過剰発現

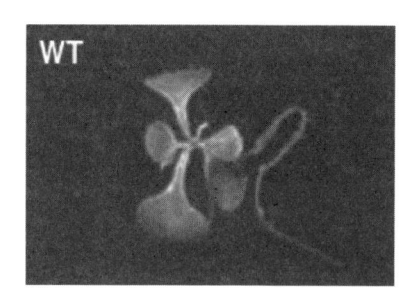

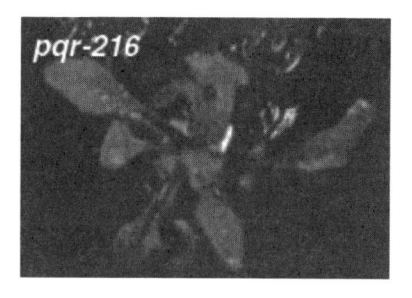

7.4 環境ストレス耐性能の強化による生産性増大　　153

**図7.8　アクティベーションタギングにより得られた酸化的ストレス耐性株**
アクティベーションタグラインから，パラコートストレス耐性を指標に単離した変異株。10000以上の種から数株のストレス耐性株が単離された。右がストレス耐性株。左が野生株。

させた形質転換植物は，細胞質のヌクレオチドプールから酸化ヌクレオチドを効率よく除去することで，酸化傷害からDNAやRNAを保護している。

　一方，ROSはシグナルとなって遺伝子発現を含めたさまざまな現象を制御する重要な機能を有している。シグナル伝達の中心的な役割を担っている熱ショック転写因子（HsfA2）を過剰発現させたシロイヌナズナは，野生株が枯れてしまうような厳しい酸化ストレス条件下でも，傷害を受けずに生育することができた（図7.9）。

　さらに，HsfA2を欠損させた形質転換植物と併せて解析することによって，HsfA2は分子シャペロンである熱ショックタンパク質（HSP）や抗酸化酵素であるアスコルビン酸ペルオキシダーゼ（APX2），適合溶質としてのラフィノース属オリゴ糖合成にかかわる酵素など種々の細胞防御に機能する遺伝子の多くを同時に誘導することによってストレス耐性能を発揮していた。さらにショ糖，グルコース，フルクトースなども，これまで報告されているマンニトールやプロリン同様，高い抗酸化能を有することも明らかになった。

　乾燥ストレス時に誘導される一連の遺伝子群を制御している転写因子DREB（Dehydration-responsive element-binding protein）遺伝子をシロイヌナズナに導入することにより，乾燥，高温，低温，高濃度の塩などのストレスに対する耐性能が飛躍的に向上することが明らかにされている。DREB

**図 7.9　HsfA2 遺伝子導入により酸化的ストレス耐性能が向上した形質転換植物**（口絵参照）
上段がストレス処理前，下段が強光，乾燥ストレス後の植物。右2つがHsfA2導入シロイヌナズナ。左の2つは対照としての野生株。HsfA2を導入することにより，強光，乾燥ストレスに強くなることがわかる。

は植物がストレスを感知した後に，情報伝達のカスケードをはたらかせ，その下流の多くの耐性遺伝子群の発現制御を行っている。最近，HSFもDREBと関連した情報伝達カスケードを構築していることが明らかになってきた。このようなマスタースイッチタンパク質を導入することで，その下流に位置する多くの遺伝子発現を同時に制御し，さまざまなストレス耐性能を付与させることも可能であることが示された。

### (2) すでに実用化されている環境ストレス耐性植物

米国のトウモロコシ栽培に多大な被害を及ぼしているアワノメイガは，幹の中に入り込んで植物を食べるため，農薬を散布しても効きにくい。土壌微生物のバシラス・チューリンゲンシスがつくりだす殺虫性タンパク質（Btタンパク質）は，蛾などの鱗翅目昆虫の消化管に結合することで毒性を示す。このBtタンパク質遺伝子を導入したトウモロコシ，ジャガイモ，ワタ

などの形質転換植物がすでに作られており，それぞれの作物に多大な被害を出している害虫に対して高い抵抗性を示すことが明らかになり，すでに実用化されている。

ハワイでは，ウィルスによってパパイヤ産業が壊滅的な打撃を受けてきた。パパイヤリングスポットウィルスによって果皮にリング上の病斑ができるウィルス病であり，この病気により壊滅的な被害が起こる。このウィルスの遺伝子の一部をパパイヤに導入することによって，導入した遺伝子からできるタンパク質が機能するのではなく，RNA干渉によってウィルスの増殖が抑制されてウィルスに対する抵抗性が向上すると考えられている。ハワイで生産されている約80％のパパイヤが遺伝子組換えである。

また，除草剤耐性の形質転換植物と除草剤をセットにしたものが実用化されている。ラウンドアップという除草剤の主成分であるグリホサートは，植物体内でアミノ酸合成に関わる酵素と特異的に結合することによって阻害し，フェニルアラニン，トリプトファン，チロシンを合成できなくすることで植物を枯死させる。一方で，グリホサートと結合しない土壌微生物由来のアミノ酸合成酵素を導入した形質転換植物では，グリホサートによる生育阻害を受けない。すなわち，少ない農薬（グリホサート）散布で，遺伝子組換え作物以外の植物を枯らすことができる。米国を初めとする国々では，これらの技術によって，農薬散布にかかる手間やコストを大幅に削減することができ，多くの経済的メリットを獲得している。

## 7.5 葉緑体形質転換技術による医薬品などの物質生産

### (1) 葉緑体ゲノムへの遺伝子導入の方法と利点

植物（真核光合成生物）は核以外にも，葉緑体，ミトコンドリアに独自のゲノムを有している。近年，植物種は限られるものの，葉緑体ゲノムへの遺伝子導入も可能になってきている（葉緑体ゲノムの配列が決定されている植物種に限る）。アグロバクテリウムは，葉緑体ゲノムには遺伝子を導入することができないため，この技術には主にパーティクルガンを用いた遺伝子導

入方法が必要となる。

　葉緑体ゲノムは原核生物のゲノムの複製方法と類似しており，類似した遺伝子間で相同組換えを起こす性質を有している。そのため，葉緑体ゲノムの一部を単離し，その間に目的とする遺伝子を連結した後に葉緑体に導入すれば，特定の部位での相同組換えによって目的遺伝子が葉緑体ゲノムに組み込まれる（図7.10）。これは，核ゲノムへの遺伝子導入とは異なる仕組みである。

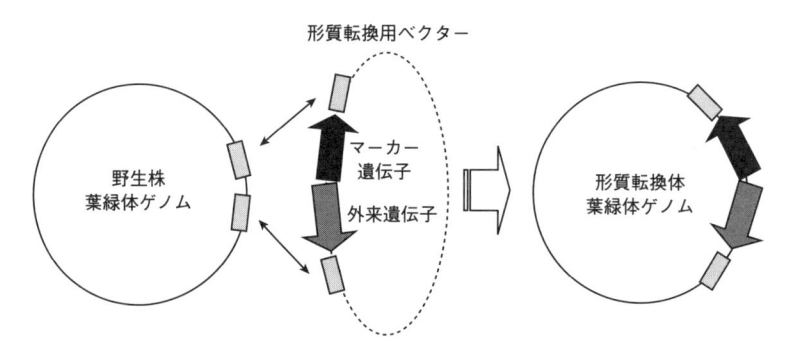

**図7.10　相同組換えによる葉緑体ゲノムへの遺伝子導入の原理**
導入したい遺伝子（マーカー遺伝子，外来遺伝子）の両端に葉緑体ゲノム配列を連結したベクターを構築し，植物葉緑体に導入すると，葉緑体中のゲノムの相同領域でDNAが入れ替わり，遺伝子がゲノム中に組み込まれる。

　一般的な植物細胞には，約100個の葉緑体が存在する。さらに，1つの葉緑体には，約100コピーの葉緑体ゲノムが存在することから，1つの細胞当たり葉緑体ゲノムは約10,000コピー存在することになる。このことから，1細胞当たり1〜2コピーしかない核ゲノムへの遺伝子導入に比べて，導入遺伝子の高発現が可能となる。さらに，葉緑体の遺伝子は母性遺伝することが明らかになっており，遺伝子組換え植物で懸念されている花粉を介した遺伝子汚染を防ぐことも可能である。このような特徴から，葉緑体形質転換技術を用いて，植物葉緑体内でタンパク質を大量に生産させるという試みがなされている。ただし，葉緑体ゲノムに遺伝子を導入すると，葉緑体内でタンパク質合成が行われることから，葉緑体以外のオルガネラに外来タンパク質を発現させることはできない。

## 7.5 葉緑体形質転換技術による医薬品などの物質生産

葉緑体内のタンパク質濃度は非常に高く、タバコの葉緑体ストロマ中には400 mg/ml程度（約40%）のタンパク質が溶けているとされている。大腸菌やヒト細胞内のタンパク質濃度がそれぞれ210 mg/ml, 260 mg/ml程度、卵白のタンパク質濃度が約12%であることからも、葉緑体内がいかにタンパク質でドロドロの状態であるかが想像できる。このような状態の葉緑体のゲノムに、緑色蛍光タンパク質（GFP）遺伝子を導入した形質転換植物では、従来の葉緑体タンパク質の量を減らすことなく、さらに約200 mg/mlのGFPタンパク質を蓄積させることに成功している（図7.11）。

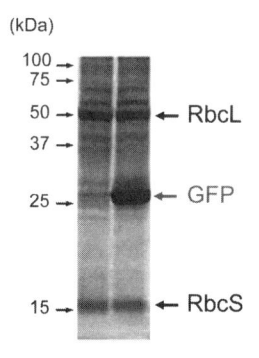

**図7.11 葉緑体形質転換による大量のタンパク質生産**
右レーンが葉緑体形質転換植物の抽出液。SDS-PAGEという方法でタンパク質を分子量ごとに分けている。右レーンでは分子量27 kDaのGFPが高蓄積しているのがわかる。左は対照としての野生株抽出液。植物細胞ではRubisco（rbcL, rbcS）が多量に含まれるが、それ以上に外来タンパク質を蓄積させることが可能だということがわかる。

合計60%ものタンパク質濃度になった葉緑体でも、通常通り光合成を行い生育することが確認されており、葉緑体形質転換技術による葉緑体内でのタンパク質生産は充分利用できることが証明された。前述のカルビン回路で機能するFBP/SBPase遺伝子を葉緑体ゲノムに導入し、多量のFBP/SBPaseタンパク質を蓄積する形質転換植物ではFBPase活性は約70倍に上昇、光合成活性は70%、生産性は80%（乾燥重量）も増大した。さらに、この技術を応用し、通常のレタスよりも早く・大きく育つレタスの作出も成功している（図7.12）。

**図7.12** 葉緑体ゲノムに FBP/SBPase を導入した早生・多収性レタス
水耕栽培 6 週目のレタス。右が FBP/SBPase 導入株。葉はサイズも大きく，数も多くなる。左は対照としての野生株。

### (2) 医薬タンパク質などの有用物質生産

　現在，インターフェロンやワクチンのような医療品の多くは，大腸菌や酵母などで組換えタンパク質として作られている。しかし，生体に有害なエンドトキシンの混入を避けることが重要であり，非常に高価な医薬品となっている。これらを，元来食物として摂取している野菜に作らせることができれば，より安全に，より安価に生産することも可能となる。また，将来的に遺伝子組換え植物を口にすることができるようになれば，野菜を食べて病気を治すということも夢ではない。

　このような理由から，医療用のタンパク質を葉緑体で高蓄積するレタスや，ビタミンEを高蓄積するレタスの作出も試みられている。現状ではカリフラワー，レタス，キャベツ，アブラナ，ペチュニア，ポプラ，タバコ，トマト，ポテト，ニンジン，ワタ，コメ，ダイズなどの植物（作物）に限られているが，2009年までに 16 種の病気に対する 23 のワクチン抗原（コレラ毒素 B，破傷風毒素，E 型肝炎ウィルスなど）と 11 種類の生物医薬品（インターフェロン $\alpha$-2b，インシュリン様成長因子など）が葉緑体形質転換技術により生産されている。

## 7.6　今後の課題

　遺伝子組換え技術を用いて，植物の光合成能力，ストレス耐性能力を強化し，生産性を向上させることが可能になりつつある。このような技術を交配や遺伝子の同時導入といった手段で組み合わせることにより，より多収量な植物，複合的な環境ストレス条件下で成育可能な植物の創成も可能である。さらに，植物が本来もたないタンパク質を作らせることによって代謝の流れを変えることも可能になった。青色の花を付ける植物から単離された青色色素の合成に関わる遺伝子を導入することによって，長年不可能だと思われてきた青色のバラやカーネーションも開発された（図7.13）。

**図7.13　青いバラ**（口絵参照）
青色色素の合成に関わる遺伝子を導入することによって作出されたサントリーの青いバラ（中と右）。遺伝子の発現量などによって色に変化が見られる（Matsumoto Y. et al., 2007より転載）

　ビタミンや人間の病気を治すためのワクチンを作るイネや葉菜類もできつつある。ビタミンAの前駆体である$\beta$-カロテンを多量に含むゴールデンライスは，発展途上国でのビタミンA不足による疾病を改善する手段として，実用化に向けた研究が進められている。フラボノイドを強化したトマトは，糖尿病や心血管疾患のリスク低下への利用が期待されている。また，花粉症を緩和させるワクチンを蓄積したイネ，コレラワクチンを蓄積したイネの開発も行われている。将来的に，そのような植物を食品として摂取することができれば，経費もかからず，発展途上国などで栄養不足により失われている命も救えると期待される。

一方，塩，カドミウムや残留性有機汚染物質など吸収して高濃度で蓄積する能力をもった環境修復型植物の研究も進められている。このような植物を有効に利用すれば，東日本地域で問題となっている放射性物質を含む土壌の除染や，津波により塩害を受けた耕作地の改善に役立つことと期待される。

　しかし，植物が長い間進化して築き上げた能力を遺伝子導入によって改変することは，植物が望むべき方向に進化させているのだろうか。冒頭にも述べたとおり，植物は光合成，形態形成，物質生産，環境応答など，植物が営むあらゆる機能のバランスを保ちながら進化してきた。代謝系のある一部分だけを強化すると，協調的に強化される部分もあるが，逆効果を示す部分もあるはずである。したがって，代謝能力の改変により植物の生産性を強化するためには，一つの代謝経路のみに着目するのではなく，遺伝子組換えの技術を駆使して，植物の代謝バランスを制御する必要がある。バランスを保ちつつ，植物の持つ能力を強化することができれば，我々人類が求めているスーパー植物へと進化させていくことも可能だと思われる。

　遺伝子組換え植物は，食糧確保や環境保全を解決するための選択肢の一つであることは間違いない。しかし，このような植物バイオテクノロジーは，医薬・醱酵産業などにおける実用的な成果に比べて，食糧（食品）の分野では応用的な発展が遅く，かつ重要性が認められにくい状況であることは否めない。それはこの技術がもつ革新性に対する漠然とした不安感や，創成される産物の安全性への不安感を消費者が抱き，パブリックアクセプタンスが得られにくいことに起因する。したがって，科学的根拠に基づいた安全性，環境への影響を明らかにするとともに，消費者の不安や疑念を取り除くための粘り強い努力をしていかねばならない。

（重岡，田茂井）

## ＜参考文献＞

「救え！　世界の食糧危機」日本学術振興会・植物バイオ第160委員会監修
　　化学同人，2009
「光合成とはなにか」園池公毅著，講談社，2008
「トコトンやさしい光合成の本」園池公毅著，日刊工業新聞社，2012

# 8章 人類がもたらす地球環境変動と光合成生物

　人類の生存する地球の環境は光合成生物の光合成によってつくられた。もう少し正確に言うならば，光合成生物がつくった地球環境によって光合成生物も変化させられ，光合成生物に従属する生物（例えば人類）とのバランスによって，今日の地球環境がつくられた。光合成生物が光合成を営むためにもった $CO_2$ 固定酵素ルビスコ（Rubisco）が，$CO_2$ のみならず酸素も取組む構造にデザインされたこと。地球上にふんだんにあった水を材料に光合成を行い，地球上に多量の酸素を放出したこと。それらによって，光合成生物の進化の方向性が大きく決定づけられた。さらに人類活動の激化による $CO_2$ の濃度上昇，温暖化，乾燥化は光合成生物の生存生態も大きく変えようとしている。

## 8.1 植物の光合成と地球環境の変化

### (1) $CO_2$ 濃度の変化

　人間の活動激化に伴い地球の大気中の $CO_2$ 濃度が上昇し，その温室効果の影響で地球温暖化の問題が深刻になっている。大気中の $CO_2$ 濃度はこの60万年間ぐらいは 200～280 ppm（0.02～0.028％）の幅で落ち着いていた。しかし，産業革命以降，人類は化石燃料を多量に燃やし，森林の伐採を続けた。その結果，2010年には $CO_2$ 濃度は 390 ppm を越え，2013年5月には 400 ppm の大台にのってしまった。このまま増え続ければ，2050年には

560 ppm を越え，本来の大気 $CO_2$ 濃度の2倍になると予想されている。$CO_2$ は赤外線を吸収するので温室効果が大きい。世界の国々は，地球の温暖化をくい止めるため，協力して $CO_2$ の排出量を減らそうと努力している。しかしながら，地球誕生期には，大気はほとんどが $CO_2$ であったことが知られており，地球の歴史をみるならば，$CO_2$ 濃度はずっと減り続けていたものである（図8.1）。

2章で詳しく述べたように，光合成生物が地球上に現れたのは，おおよそ34億年前と推定されている。海中火山の周辺，熱水噴出孔の周りに光合成細菌（バクテリア）が出現し，その熱水噴出孔から放出される硫化水素（$H_2S$）を使って，光合成細菌は ATP と NADPH を生産したと考えられている。光化学系電子伝達系駆動の資材である水素原子（プロトン，$H^+$）と電

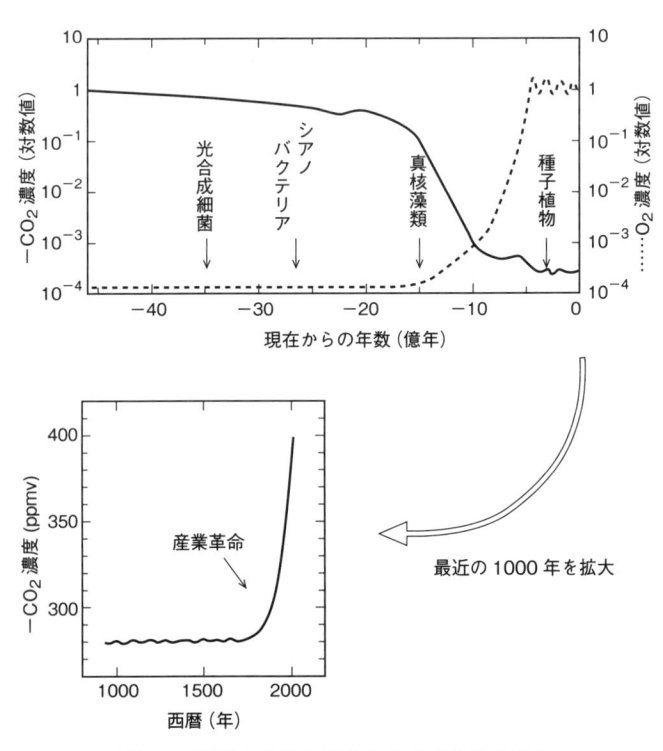

図 8.1 地球の大気の変化と光合成生物の進化

8.1 植物の光合成と地球環境の変化

子を，$H_2S$ から得ていたのである。

約27億年前にシアノバクテリアが現れ，地球上にふんだんにあった水（$H_2O$）から，プロトンと電子を取り出す光合成を始めた。光合成に不要な酸素は，いわば光合成工場の産業廃棄物として細胞外に捨てられていたが，シアノバクテリアの繁殖に伴い，多量の酸素が海中に放出されることになり，やがて，海中では充分に好気呼吸が行える環境がつくられ，好気呼吸はエネルギー生産効率が高いので，より活動性の高い生物が繁殖した。それらの中には，シアノバクテリアを取り込み体内に共生させ，真核藻類へと進化したものもいた。

海中の酸素は大気にも放出され，大気中の酸素は紫外線の作用によりオゾン（$O_3$）層を形成した。オゾン層は太陽から照射される多量の紫外線を遮断し，約4億年前，生物は陸上にあがった。

こうした光合成生物の繁栄に伴い大気 $CO_2$ 濃度がどんどん減少し，一方，海中では $CO_2$ 固定をした光合成生物の死骸は炭酸カルシウムとして沈殿した。陸上にあがった光合成生物はコケ類，シダ類，種子植物と進化し，大気 $CO_2$ 濃度は動物，微生物の生命活動に伴う呼吸代謝とのバランスで 280 ppm まで減少し，平衡状態となった。

### (2) 酸素濃度の変化

大気の酸素濃度は，光合成細菌が誕生した約35億年前には，0.003％程度しか存在しなかった。しかし，この光合成生物の繁栄によって，多量の酸素が放出され，約4億年前には，現在の大気酸素濃度に近い20％まで上昇している（図8.1）。

酸素は好気呼吸を行う生物の大繁栄にもつながったが，すべての生物にとっては，有害な活性酸素の生成のもとにもなる。とりわけ，光合成生物では，光化学系II（PSII）で活発に酸素を発生する近傍で酸化還元反応による電子伝達を行うので，活性酸素の生成は避けられない運命となった。しかし，光合成生物は巧みな機構で活性酸素を消去する術をもつことになる。

現在の種子植物は，PSIIの反応中心で生成する活性酸素種である一重項

酸素はカロテノイドで消去し，光化学系Ⅰ（PSⅠ）のフェレドキシン（Fd）近傍で発生する活性酸素種スーパーオキシド（$O_2^-$）は，スーパーオキシドディスムターゼ（SOD）が，過酸化水素（$H_2O_2$）に変換したのち，アスコルビン酸ペルオキシダーゼ（ascorbate peroxidase, APX）が水に変換し，解毒化している。$H_2O_2$から水への還元反応の電子供与体にアスコルビン酸（ビタミンC）を使うが，これが緑色野菜にビタミンCが多いゆえんである。

　光合成生物の活性酸素経路の進化を見ると，このAPXを葉緑体内にもったことが大きな起点になっており（ユーグレナから），電子伝達系に蓄積した電子により，あえて活性酸素を生成し，その活性酸素をアスコルビン酸の再生還元でさらに蓄積電子を伝達させ，チラコイド膜のpH勾配を形成するなどの巧みな電子伝達系の制御機構になっている。葉緑体にAPXをもった植物（真核光合成生物）の多くの光合成酵素が過酸化水素に耐性がないのに，シアノバクテリアなど葉緑体にAPXをもたない時代の光合成生物の酵素が過酸化水素に耐性がある点もおもしろい。葉緑体にAPXをもち，強靭な活性酸素消去系システムを確立して過酸化水素耐性の壁を捨てることで，種子植物の光合成システムは大きな進化を遂げられたのかも知れない。

　上昇する大気酸素は，もう一つの大きな問題を植物にもたらすことになった。光合成細菌は光合成の$CO_2$を固定する酵素ルビスコをもった。既に第2章で詳しく述べたように，ルビスコは$CO_2$を基質に，$CO_2$の受容体である5炭素リン酸物質であるRuBPから光合成の初期産物PGAを生産する反応（RuBPカルボキシラーション）を触媒する酵素である。現在，地球上の存在するすべての光合成生物が有する共通の$CO_2$固定酵素である。しかし，このルビスコはどういうわけか$CO_2$のみならず酸素も基質とし取り込んだ。そして，ルビスコは酸素を取り込み2-ホスホグリコール酸（PG）を生産する反応（RuBPオキシゲネーション）も触媒した（RuBPオキシゲナーゼ活性）（図8.2）。

　このことが，後の光合成生物の進化の運命を決めたといえる。PGはカルビン・ベンソン回路には存在しない代謝物なので，デンプン・ショ糖生産とは異なる別の代謝経路に流れ，結果として植物は大きな炭素固定ロスを生じ

図 8.2 ルビスコが触媒する二つの反応。
RuBP カルボキシラーゼ活性とオキシゲナーゼ活性

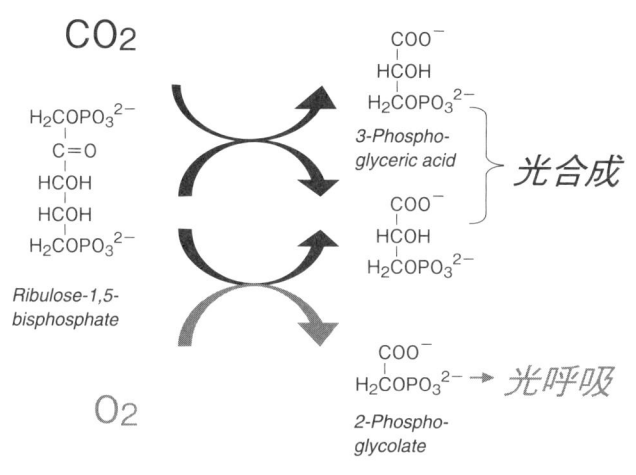

ることになった。光合成生物誕生期には，酸素はほとんど存在しなかったので，光合成細菌のルビスコは強いオキシゲナーゼ活性を有しながらも，オキシゲネーション反応は起こらなかったため，その当時の光合成生物の生育には大きな問題にはならなかった。しかし，現在では，大気中の酸素が 21% まで上昇したため，このルビスコのオキシゲネーション反応は植物の光合成効率を著しく低下させる要因となっている。

## 8.2 光合成と光呼吸

### (1) $CO_2$ 固定酵素ルビスコ（Rubisco）

ルビスコは RuBP を共通の基質に 1 分子の $CO_2$ を吸収した時は 2 分子の PGA を生産し，1 分子の $O_2$ を吸収したときは 1 分子の PGA と 1 分子の PG を生産する（2 章参照）。

空気中の $CO_2$ は水に溶けると，溶液の pH に応じて $HCO_3^-$ や $CO_3^{2-}$ 分子

になる。弱アルカリ性の細胞質基質では，大半の$CO_2$は$HCO_3^-$として存在するが，ルビスコの基質は，$HCO_3^-$ではなくストロマ内での溶存$CO_2$である。$CO_2$は外気からストロマまで単純拡散される。触媒速度は極端に低く（酵素世界最低速），種子植物の場合，1秒間に2分子程度の$CO_2$しか固定できない（$kcat=2\,s^{-1}$）。酵素世界最速はSODでその速度はルビスコの10億倍である（$kcat=2\times10^6\,s^{-1}$）。ルビスコの生体内での活性発現は，葉に照射される光強度に強く依存しており，この活性制御には酵素ルビスコアクティベース（activase）という別のタンパク質が関与する。

ルビスコのカルボキシラーゼ反応とオキシゲナーゼ反応は，同一の触媒部位で拮抗的に行われるため，両活性の比率は，ルビスコ触媒部位での$CO_2$分圧と$O_2$の分圧の比で決まる。なお，現在の大気分圧下条件は$CO_2$分圧0.039%と$O_2$分圧21%であるのに，両活性の触媒速度比（カルボキシラーゼ活性：オキシゲナーゼ活性）はほぼ4：1であるので，触媒部位には$CO_2$の方がはるかに取り込みやすくなっている。

## (2) ルビスコと光呼吸

ルビスコのオキシゲナーゼ反応で生じたPGは葉緑体，ペルオキシソーム，ミトコンドリアを移行していき，最終的に葉緑体へもどり電子伝達系で生産されるATPを利用しリン酸化され，PGAとなり，カルビン回路へ流れ込む（光呼吸，第2章参照）。光呼吸経路では，ミトコンドリアで脱炭酸され生じた$CO_2$分子は通常の大気圧条件下ではルビスコによって再固定され，脱アミノされ生じた$NH_4^+$も葉緑体で再同化される。この$NH_4^+$の再同化には，グルタミン合成酵素・グルタミン酸合成酵素（GS/GOGAT系）が働き，ここでも光化学系電子伝達系で生産されるATPとFdの還元力が利用される。

この代謝は，光合成や呼吸とは異なる別の代謝として位置づけられていることは既に第2章でも述べた。しかし，代謝そのものは完全に光合成の炭酸同化反応と連結し，同時進行することから，むしろ光合成の代謝の一部と考えるべきものである。

回路はATPの消費とFdを介した還元力消費を伴いながら，一切の最終

8.2 光合成と光呼吸

産物を生成しないので，代謝そのものには積極的な意味が見いだせない。しかし，光呼吸は植物にとって必要不可欠な代謝とされている。古くはこの光呼吸の中間代謝反応の阻害剤を使って光呼吸を止めると致死に至ることが示された。ATPの消費とFdを介した還元力消費から，光呼吸は光化学系電子伝達系によるATP生産と還元力生産がカルビン・ベンソン回路による消費能力を越える場合の消去系としての生理的な役割を果たしていることが推定された。電子伝達系の過還元は多量の活性酸素を発生し，光阻害の大きな要因になるからである。

しかしながら，カルビン・ベンソン回路と光呼吸の二つの経路のスタートは同一酵素ルビスコの$CO_2$固定と酸素の取込みにあり，そこの触媒部位も同一，両基質の受容体となるRuBPも共通で，両反応の分配割合には一切の調節機構が存在しない。単純に$CO_2$分圧と$O_2$分圧の比のみによって決まっている。したがって，カルビン・ベンソン回路と光呼吸が互いにATPと還元力消費を調節している科学的根拠は存在しない。

### (3) 植物が光呼吸機能をもったわけ

植物が光呼吸機能をもった理由のヒントは，地球上で最初に光合成細菌が光合成を始めたとき，地球上には酸素が存在しなかったという点にある。光合成細菌のルビスコの$CO_2$結合部位は酸素も取込むようにデザインされてはいたが，地球上には酸素が存在しなかったので，オキシゲナーゼ反応もなければ，光呼吸も存在しなかった。

シアノバクテリアが水を材料に光合成を始めたため，酸素が放出され，その酸素をルビスコが捕まえることになってしまったと理解することができる。単なる$CO_2$固定に対する拮抗阻害物質としての存在ならば良かったのに，基質として働き光合成経路とは無縁の物質PGを生産してしまった。さらに，そのPGはカルビン・ベンソン回路酵素の阻害物質でもあった。したがって，植物はそのPGを代謝すると同時に，カルビン・ベンソン回路からそれた炭素を可能な限りカルビン・ベンソン回路へ回収しようと光呼吸経路をもったと理解できる。反応経路としては，ルビスコが酸素を取り込んで

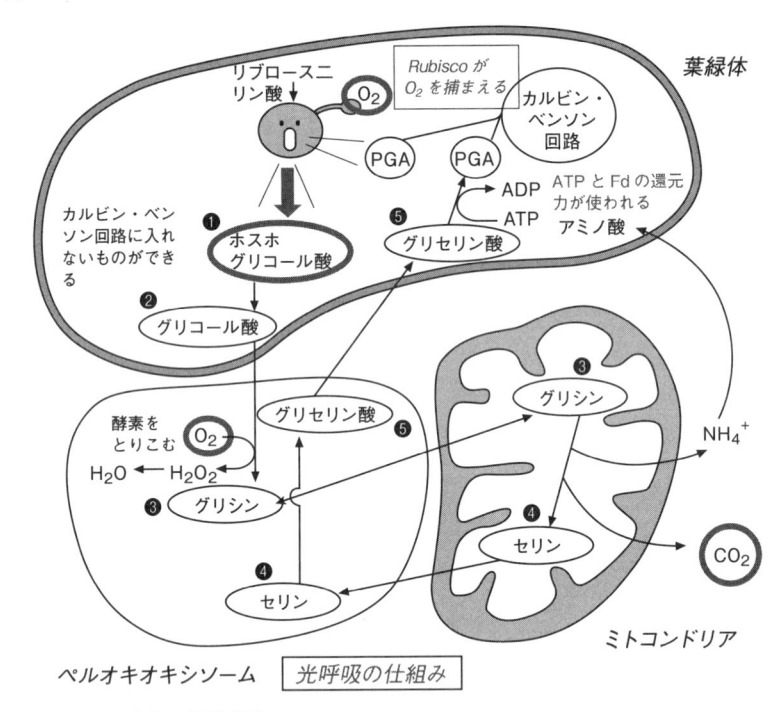

**図 8.3** 光呼吸の代謝経路。
葛西奈津子著「植物が地球をかえた！」化学同人（2007）の図 4-4 を元に作成。

も，最終的には PGA を生産していることが読み取れる（図 8.3）。

非常に興味深いことに，ルビスコの触媒するカルボキシラーゼとオキシゲナーゼ活性比をみると，光合成細菌のものがもっともその活性比が低く，シアノバクテリア，真核藻類，陸上植物と活性比が高くなる進化が見られる（表 8.1）。陸上植物のルビスコがもっとも酸素を取込みにくい構造へ進化していて，一方で，酸素を取込まないルビスコのデザインには成功した生物がいないことも意味している。また，現在の陸上植物を高 $CO_2$ 条件で生育させると，光呼吸は著しく抑えられるのに（光呼吸はルビスコの触媒部位の $CO_2$ 濃度と酸素濃度比で決まるので），多くの場合，植物は正常に生育する。実際は正常に生育するだけではなく，バイオマス生産も増加し，穀類作物では収量も増加する。このように，光呼吸の代謝そのものに積極的な生理的意

## 8.2 光合成と光呼吸

**表 8.1** 光合成生物間のルビスコのタウ値（カルバキシラーゼとオキシゲナーゼの活性比）の変異

| 種 | タウ値* |
|---|---|
| 光合成細菌 | |
| *Rhodospirillum rubrum* | 15±1 |
| *Rhodopseudomonas sphaeroides II* | 9±1 |
| ラン藻 | |
| *Aphanizomenon flosaquae* | 48±2 |
| *Cocochloris peniocystis* | 47±2 |
| 真核藻類 | |
| *Scenedesmus obliquus* | 63±2 |
| *Chlamydomonas reinhardii* | 61±5 |
| *Euglena gracillis* | 54±2 |
| C3植物 | |
| *Glycine max* | 82±5 |
| *Tetragonium expansa* | 81±1 |
| *Spinacea oleracea* | 80±1 |
| *Lolium perenne* | 80±1 |
| *Nicotiana tabacum* | 77±1 |
| C4植物 | |
| *Amaranthus hybridus* | 82±4 |
| *Zea mays* | 78±3 |

* タウ値はカルボキシラーゼ活性の $V_{cmax}$ にオキシゲナーゼ $K_m(O_2)$ を掛けたものをオキシゲナーゼ $V_{omax}$ とカルボキシラーゼ $K_m(CO_2)$ で除したもの。データは Jourdan と Ogren (1981) から抜粋。

義がないのみならず，むしろマイナスの代謝であることも示している。

しかしながら，植物は光阻害から光合成システムを守るために光呼吸を機能させている点は見逃せない。植物が強光下で干ばつや乾燥にさらされた場合，まず対応する応答は，体内水分保持のために気孔を閉じる。気孔を閉じると，$CO_2$ の取り込みはできないので，カルビン・ベンソン回路は回らないことになってしまう。しかし，光は照射され続けるので，ATPと還元力は飽和する。このような状況では，葉内に溜まった酸素や PSⅡ で発生する酸素をルビスコが効率よく取組み，光呼吸経路を回すことで，ミトコンドリアより $CO_2$ を発生させる。この $CO_2$ をさらにルビスコがつかまえることでカルビン・ベンソン回路も駆動させ，自動車エンジンのアイドリングのような状態を成立させる（図 8.4）。カルビン・ベンソン回路は光呼吸で放出される

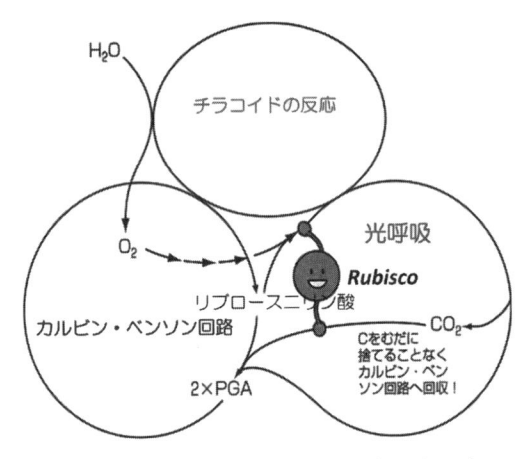

図 8.4 気孔が閉じ，アイドリング状態になったときのカルビン・ベンソン回路と光呼吸。
葛西奈津子著「植物が地球をかえた！」化学同人（2007）の図 4-4 を元に作成。

$CO_2$ 分だけ回転し，デンプン・ショ糖への経路は閉ざしたまま，完全な閉鎖系で光呼吸経路との両回路が同時駆動することによって，光化学系電子伝達系で生産される ATP と還元力を消費させる状態を成立させる。この仕組みによって過度の活性酸素の発生を抑え，光阻害（光傷害）から光合成システムを守っているのである。

この状態は実験的に再現ができる。外部 $CO_2$ 濃度を 0.005% 程度まで下げると植物は $CO_2$ を取り込まなくなる（$CO_2$ 補償点という）。$CO_2$ 補償点では，$CO_2$ の取り込みも酸素の取り込みも起こっていない（気孔における $CO_2$ と $O_2$ の出入りはない）。気孔が完全に閉鎖されたときと同じ状態となる。クロロフィル分子の蛍光モニターを見ると，光化学系電子伝達系で電子はしっかりと流れていることが観察される。カルビン・ベンソン回路と光呼吸が同時駆動しながら，両回路のアイドリング状態を成立させていることが推定される。この条件で，酸素濃度を 21% から 2% まで低下させると，オキシゲナーゼ活性が抑制されるため光呼吸は停止し，両回路はエンストを起こし，電子伝達系も停止，植物は光阻害を強く受けることになる。

このように，植物は光呼吸によって光阻害から光合成システムを保護して

いることは間違いないが，合目的に獲得した機能ではないことは充分わかる。もし，光呼吸の機能が合目的にプログラムされたものと理解するならば，35億年前に光合成細菌がオキシゲナーゼ活性を有したルビスコをプログラムした時点で，今日の地球環境を想定したすべての生物プログラムがなされていたことを意味し，考えただけで末恐ろしい。

## 8.3 $C_4$ 光合成の地球環境的意味

### (1) $C_4$ 光合成の代謝反応と生理

地球上には，光呼吸をほとんど機能させていない植物がいる。2章で述べた $C_4$ 光合成を行う $C_4$ 植物である。$C_4$ 植物は，葉肉細胞のみならず維管束鞘細胞にも発達した葉緑体をもち，光合成の炭素代謝をその2種の細胞で高度に分業し行っている。$C_4$ 植物は，トウモロコシ，サトウキビなどの作物を含め20科8000種以上が知られる。

$C_4$ 光合成としての特徴は，PEPC 活性がルビスコ活性として比較して有意に高いため，結果として，ルビスコが働く維管束鞘細胞の葉緑体内の $CO_2$ 分圧が非常に高くなる（0.1から0.5%程度と推定されている）。したがって，ルビスコのオキシゲナーゼ活性はほとんど発現せず，光呼吸もほとんど生じていない。その分，ルビスコ分子あたりの光合成効率は高くなる。さらに，大気条件下の 390 ppm の $CO_2$ 濃度で光合成速度は最高速に達するため，気孔の開度は低く，$CO_2$ 取込み速度に対する蒸散速度が小さい（$C_3$ 植物の1/3から1/2程度である）。

このように，光合成の水利用効率が高いので，結果として乾燥に強い。また，$C_4$ 植物のルビスコ含量は $C_3$ 植物より少なく（全葉身窒素含量の7～10%程度），酵素あたりの比活性は高い。さらにはオキシゲナーゼ活性がほとんど生じない条件であるため，高い光合成速度を示す植物が多い（光合成の窒素利用効率が高い）。

余計なつけ足しに見える $C_4$ 回路であるが，この回路の駆動にはエネルギーを投入しているため，葉肉細胞から維管束鞘細胞へと能動的に $CO_2$ が

輸送されることになり，維管束鞘細胞に $CO_2$ 濃度を濃縮することができる。このことは，$C_4$ 植物に3つの利点をもたらす。

1つ目は基質としての $CO_2$ の供給である。強い光の条件の下では，$CO_2$ 濃度が光合成を律速する環境要因になる場合が多い。このときに $C_4$ 回路をもっていれば，強光下でも基質が供給されることによって効率よく光合成の反応を進めることができる。2つ目は光呼吸の抑制である。ルビスコにおける $CO_2$ 付加の反応と酸素付加の反応は競争反応であるので，光呼吸による酸素との反応がどの程度の割合で進むかは，酸素濃度の絶対値ではなく，酸素濃度と $CO_2$ 濃度の比によって決まる。したがって，$CO_2$ 濃度が低い環境では，酸素濃度は同じでも酸素の付加反応すなわち光呼吸は抑えられる。$C_4$ 植物では光呼吸はほとんど起こらず，固定した $CO_2$ が光呼吸によって失われることはない。

しかし，ここで，前節で紹介したように光呼吸が光阻害の回避に役立っているのであれば，$C_4$ 植物が光阻害に弱くなってしまうのではないか，という疑問が生じるかもしれない。しかし，光阻害は利用できる以上の光エネルギーが照射されたときにおこる現象であり，基質である $CO_2$ の濃度が上昇することによって $CO_2$ の同化反応が促進されれば，そこでエネルギーと還元力の消費も上昇するため，光阻害を回避することができる。したがって，$C_4$ 植物は，一般的に光呼吸が見られないのにもかかわらず光阻害には強い。

$C_4$ 回路をもつ利点の3番目は，乾燥耐性である。通常，植物は乾燥条件（水ストレス）にさらされると，気孔を閉じて葉からの蒸散を抑える。しかし気孔は，$CO_2$ の取り込み口でもあるため，水ストレスを受けた植物では利用できる $CO_2$ 量が低下して光合成速度も落ちることになる。ここで $C_4$ 回路による $CO_2$ 濃縮機構をもっていれば，気孔をある程度閉じた状態でも維管束鞘細胞に $CO_2$ を供給して炭素同化を行なうことができる。このような仕組みで $C_4$ 植物は乾燥条件でも効率よく光合成することができる。

### (2) 地球上の植物はすべて $C_4$ 化するのか？

このように，$C_4$ 植物は明らかにルビスコのオキシゲナーゼ活性による光

## 8.3 C₄光合成の地球環境的意味

呼吸ロスを克服するために進化した植物であることがわかる。現在，C₄植物は，植物種にして地球上の種子植物の1%程度，バイオマス生産にして20%程度を占めていると推定されている。C₄植物の出現は1200万年から800万年前くらいであることを考えると，ある意味，地球上の種子植物に急速なC₄化が進行しているととらえることもできる。また，C₄植物の誕生は分類上の相関は認められず，種子植物の幅広い種から誕生している。

しかしながら，地球上の植物がやがてすべてC₄光合成型植物に変わることはない。なぜならば，C₄植物は$CO_2$濃縮を行う経路（PEPを再生産する経路）でPPDKがATPを余分に使うので（1分子の$CO_2$を固定するため2分子のATPを余分に必要としている），$CO_2$固定に対するATP消費率は高く，光が十分でない環境条件では逆に不利な光合成となる。しかも，カルビン・ベンソン回路を駆動する維管束鞘細胞では，せっかく濃縮した$CO_2$の一部が漏れてしまうことも知られている。とくに光の弱い条件では漏れやすく，漏れた$CO_2$は葉肉細胞のPEPCによって再度固定されている。この過程ではさらにATPも消費されることになる。因みにカルビン・ベンソン回路では1分子の$CO_2$固定に3分子のATPを消費している。ルビスコのカルボキシラーゼ活性とオキシゲナーゼ活性比が4：1で進行すると，光呼吸によるATP消費分が1分子加わり，1分子の$CO_2$固定に4分子のATPが消費されることになる。

C₄植物も完成された光呼吸システムを有している。$CO_2$濃縮経路をもっているといえども気孔が完全に閉鎖すれば，PEPCは機能せず，$CO_2$濃縮回路も回転しない。その場合は，やはりルビスコのオキシゲナーゼ活性が発現し，C₄回路を含めたカルビン・ベンソン回路プラス光呼吸経路を回転させ，アイドリング状態を維持させる。しかしながら，C₄植物はC₃植物にくらべ，非常に低い$CO_2$濃度でも光合成機能は維持でき，気孔開度は低いので，干ばつや乾燥には強く，光阻害も受けにくい。実際に，土壌の水分含量が連続的に変わる地域でC₃植物とC₄植物の出現する割合を調べると，水分含量が低い地域ではC₄植物が優先し，水分含量が高い地域ではC₃植物が優先する例が知られている。

C₄植物は，ルビスコのオキシゲナーゼ活性による光呼吸ロスを克服するために進化した植物であることを述べた。PEPCがルビスコに比べ，炭酸固定の触媒速度が速く，そしてPEPCはルビスコのように酸素までを取込む間違いを犯さない。このことは，PEPCの炭酸固定機能は，ルビスコをはるかに凌ぐものであること示している。

それならば，なぜ，植物はPEPCの機能から直接有機物を生産する進化を成し遂げなかったのか，という疑問がわく。C₄植物はなぜ脱炭酸をしてもう一度ルビスコに$CO_2$を再固定させ，糖を生産するという効率の悪い選択をしたのであろうか。その答えは，有機酸から脱炭酸反応を経ずに糖を生産する生物が地球上にいないところに見いだせる。糖を生産するための出発物はトリオースリン酸でなくてはならず，独立栄養生物として炭酸同化経路を完成させるためには，トリオースリン酸への$CO_2$取込みが不可欠だったのであろう。

## 8.4　近未来の地球環境変化と植物

近未来の地球規模での想定される環境変化と陸上植物の光合成の応答やかかわりあい，およびC₃植物とC₄植物の優位性について考察してみよう。やはり，ここでも大きなポイントとなるのは，光呼吸を決定しているルビスコの存在である。近未来の環境変化のキーワードは$CO_2$の濃度上昇，温暖化および乾燥化である。それについて順に議論してみたい。

$CO_2$濃度上昇はC₄植物よりC₃植物に恩恵が大きい。恩恵の理由は光呼吸の抑制である。例えば，アメリカや日本で行われた開放系高$CO_2$圃場（Free Air $CO_2$ Enrichment, FACE）実験の結果を見てもC₄作物であるトウモロコシにはほとんど影響がないのに対して，C₃作物であるイネ，コムギ，ダイズなどでは確実に増収につながっている（図8.5）。たとえば，日本の岩手県で独立行政法人農業環境研究所と東北農業研究センターが行ったイネFACE実験の結果を見ると，580 ppm $CO_2$圃場で，約15％のバイオマス増産とお米の増収が認められている。$CO_2$濃度があがることにより，光呼吸が抑えら

## 8.3 C₄ 光合成の地球環境的意味

**図 8.5** イネ FACE 実験（口絵参照）
(独)農業環境研究所と東北農業研究センターが岩手県雫石町で行った開放系圃場における高 $CO_2$ 圃場実験，リンク中央で 580 ppm $CO_2$ 濃度を維持してイネを登熟まで栽培．

れ，光合成が促進されたので，バイオマス生産が増え，お米の増収につながったという結果である．コムギでは，アメリカの FACE 実験で 10% の収量増が認められている．

　それに対して，同じアメリカの FACE 実験でのトウモロコシでは，$CO_2$ の濃度増加による光合成促進の効果はなく，バイオマス増産も増収もなかった．もともと，C₄ 植物は光呼吸をほとんどしないので，高 $CO_2$ による光呼吸抑制効果がなかったのである．非常に理解しやすい結果である．

　しかしながら，イネ FACE 実験でのお米の増収の 15% やコムギの 10% 増収は，オキシゲナーゼ活性が抑えられた条件であることから考察するとその効果は予想より小さい．もちろん，その理由は単純に説明できるものではないが，一つの要因としては，現在の C₃ 植物の光合成機能が高 $CO_2$ 条件に最適化されていないことが大きい．例えば，窒素の最大の投資先であるルビスコの機能を見ると，280 ppm $CO_2$ 濃度ではフル機能しているのに，その 2 倍の 580 ppm $CO_2$ 濃度では約 40% のルビスコが機能していないことがわかっている．$CO_2$ 濃度を 280 ppm から 580 ppm まであげると，ルビスコのカルボキシラーゼの触媒速度は 2 倍くらい上昇するが，C₃ 植物はその速度

に見合うだけのRuBP再生産能力をもっていない。$C_3$植物は多量のルビスコをもつため，いわば，ルビスコに窒素コストがかかりすぎ，$C_4$植物と比較すると光化学系電子伝達系が相対的に強化されておらず，RuBP再生産能力が低い。

また，ルビスコの酵素的性質も$C_3$植物と$C_4$植物に違いがある。$C_4$植物のルビスコはhigh $K_m$（$CO_2$）/high $V_{max}$型（$CO_2$に対する親和性は低いが酵素の触媒速度は高い）で，高$CO_2$濃度で高い活性を発揮するタイプであるのに，$C_3$植物のルビスコはlow $K_m$（$CO_2$）/low $V_{max}$型（$CO_2$に対する親和性は高いが酵素の触媒速度は低い）であり，もともと低い$CO_2$濃度での活性発現を確保するように進化してきたのである（ルビスコには$CO_2$に対する親和性$K_m$（$CO_2$）と最大活性$V_{max}$には明確なトレードオフ関係が観察されている）。

このことは，$C_3$植物のルビスコは高$CO_2$条件では活性は上がるものの，必ずしも有利ではないことを示している。現在のアメリカのトウモロコシの平均収量がイネの1.3倍，コムギの3.3倍であることを考えると，高$CO_2$濃度になって光呼吸が抑制されても，FACE実験の結果からイネやコムギの収量がトウモロコシには追いつかないことを意味している。このように，$CO_2$濃度上昇による$C_3$作物増産の光呼吸抑制の恩恵は，トウモロコシの$CO_2$濃縮機構獲得ほど大きくない。

温暖化は$C_4$植物に明らかに有利である。これもルビスコの酵素的性質と光呼吸に起因する。温度が上昇するとルビスコのカルボキシラーゼ活性もオキシゲナーゼ活性も両方とも上昇するが，その上昇率はオキシゲナーゼ活性の方が大きい。したがって，$C_3$植物の場合，温度が上がれば上がるほど，光呼吸ロスが大きくなることを意味する。実際，熱帯地帯ほど$C_4$植物が多く，亜寒帯や寒冷地帯には$C_4$植物はほとんど分布していない。光呼吸ロスの少ない寒冷地帯では，わざわざ余分にATPを消費してまで$CO_2$濃縮経路を回す効果がないからである。

同じ$C_3$型の植物においても熱帯産と寒冷地産でルビスコの酵素的性質は異なっている。熱帯由来植物のルビスコはlow $K_m$/low $V_{max}$型で，寒冷由来

## 8.4 近未来の地球環境変化と植物

植物のルビスコは high $K_m$/high $V_{max}$ 型である。ルビスコの基質が溶存 $CO_2$ であることから，熱帯ほど溶存 $CO_2$ 濃度が低く，寒冷地ほど溶存 $CO_2$ 濃度が高くなることへの進化適応と考えられる。この特性においても，温暖化は熱帯産の $C_3$ 植物に有利であることを示している。

乾燥化は圧倒的に $C_4$ 植物に有利である。先に述べたように，水の光合成利用効率は $C_4$ 植物の方がはるかに高いからである。事実，北米のプレリー地帯や降水量の少ないオーストラリア大陸では，自生する $C_4$ 植物が多いことが知られている。乾燥化は，地球上の植物の $C_4$ 化を促進するもっとも大きな要因であると考えられる。

さらに，耐乾燥植物という点からは，ベンケイソウ，サボテンなどのように砂漠などの極度の乾燥条件に適したユニークな光合成を行う植物の存在も無視できない。2 章で説明した CAM 光合成である。光合成効率そのものは低く，あくまで乾燥環境に適応特化した光合成である。現在，上記の植物の他，パイナップル科，トウダイグサ科，ラン科などの 26 科，約 1500 種以上の存在が知られている。CAM 光合成の経路は $C_4$ 植物と似ている点が多いが，CAM 植物への進化も，あらゆる植物の類縁関係とは関係なく分布することから，さまざまな $C_3$ 植物から互いに関係なく発達したものと考えられている。また，夜間に液胞に蓄えておいたリンゴ酸が枯渇するとルビスコが外気から供給される $CO_2$ を直接固定し，夕刻時期になると気孔も開き積極的な $C_3$ 光合成を行う。また，解糖系から PEPC の代謝を経て，リンゴ酸を液胞に分配する経路は CAM 植物特有の代謝ではなく，すべての $C_3$ 植物も有する経路で，CAM 植物は特にこの経路を強化させているだけである。このように，CAM 植物も $C_3$ 植物から複雑な進化を成し遂げた植物というものでもない。

このように，近未来の地球規模での環境変化は，地上植物の $C_4$ 化を加速させ，乾燥地では CAM 植物が繁栄するのかも知れない。

## 8.5 人工的な光エネルギー変換

最後に，植物すなわち光合成生物ではなく，人間の行なう光エネルギー変換について少しだけ触れておこう。

### (1) 人工光合成

光のエネルギーは無尽蔵に太陽から降り注いでおり，それを植物のように人間も利用したいと考えるのは極めて自然である。その方法として，植物の行なっている光合成の光化学反応の再現を目指す人工光合成の研究がおこなわれている。

現在，光エネルギーを吸収する色素，電子を放出する電子供与体と受け取る電子受容体を組み合わせて，光が当たったときに電荷分離を行なうことには成功している。ただし，その効率は，現在のところ植物に遠く及ばない。植物の反応中心複合体においては，色素，電子供与体，電子受容体はタンパク質に配位することによって相互の位置関係が適切に保たれるが，人工光合成の場合は，それが不可能なので，必要な分子を相互に化学結合で結びつけてしまう例が多い。電子移動の結果を電流として取り出すこと自体は，結びつけた分子を一定に配向させれば効率は別として可能である。

一方，$CO_2$ の還元や水の酸化を植物と同様な方法で実現することは極めて難しい。特に，水の酸化はそもそも化学反応として実現すること自体が困難であり，生物界においても水の酸化を実現しているのは，光合成系の光化学系IIだけである。2分子の水から1分子の酸素を発生する反応には，4電子分の還元力が必要であり，4回の光化学反応の成果を積み上げて起こる反応である。植物の光化学系IIにおいては，この反応は，マンガンクラスターと呼ばれる4個のマンガン原子と1個のカルシウム原子からなる複合体により触媒される。このマンガンクラスターの働きを人工的に再現することはまだ成功していない。人工光合成を，植物と同様な方法で光エネルギーにより水を分解して $CO_2$ を固定する反応と定義するのであれば，その実現にはしばらく時間がかかりそうである。

8.5 人工的な光エネルギー変換

　一方で，半導体などを用いた光触媒反応によって，水の分解，水素の発生，低分子有機化合物の生成などを目指す研究も，広義の人工光合成としてとらえることができる。光触媒による人工光合成については，その効率も徐々に上がりつつあり，できる産物も当初はギ酸などであったものが，燃料に使えるアルコールが生成する例も報告され始め，今後の研究の発展が期待されている。

**(2) 太陽光発電**

　単に光エネルギーを電気エネルギーに変換するだけであれば，太陽光電池がすでに実用化されており，そのエネルギーの変換効率も20%を超すものが商品化されている。植物の光合成の反応で光エネルギーが有機物に固定される際の理論的なエネルギー変換効率は30%程度であり，しかも，実際に最適条件での植物でのバイオマスの増加を指標にエネルギー変換効率を計算すると，最大でも5%程度である。さらに，自然界における光合成生物のバイオマス増加のエネルギー変換効率は0.1～1%程度にすぎない。

　これだけを考えると，光合成よりも太陽光電池の方が効率が良いように思われるが，実際の比較に当たっては「製造コスト」を考慮に入れることが重要である。植物の場合，その生育（成長と維持）に必要なエネルギーは呼吸により賄われ，呼吸により失われるバイオマスにより上述のエネルギー変換効率は押し下げられることになる。つまり，植物の光合成のエネルギー変換効率は「製造コスト」を差し引いたものであるため，見掛け上低くなっていると言える。太陽光電池についても同様の製造コストや廃棄コストを差し引けば，その実質エネルギー変換効率は大きく低下する。このことは，家庭用の太陽光電池を設置した際の損益分岐点が15年から20年と非常に長いことからも推測できる。

　したがって，植物の光合成の優位性は，自己修復能と自己増殖能にある。太陽光電池や，そのほかのデバイスについても，自己修復する材料，劣化しない材料，あるいは安価で修復しやすい材料を探す研究がつづけられている。ただし，化石燃料の代替として太陽光発電を考えた場合，エネルギーの

代替とはなっても化学製品などの原材料としての代替とはならないので，そのような目的には，生物の力，植物すなわち光合成生物の光合成の利用が欠かせないのではないかと考えられる。 　　　　　　　　　　　　　　　　　(牧野)

## ＜参考文献＞

「植物が地球をかえた！（植物まるかじり叢書1）」葛西奈津子・日本植物生理学会著，化学同人，2007

「植物で未来をつくる（植物まるかじり叢書5）」松永和紀・日本植物生理学会著，化学同人，2008

「光合成とはなにか」園池公毅著，講談社ブルーバックス，2008

「光合成の科学」東京大学光合成教育研究会編，東京大学出版会，2007

# 用語解説

**アデニル酸シクラーゼ**
　ATP を基質として環状 AMP（cAMP）とピロリン酸を合成する酵素で，多くの真核生物で信号伝達物質として多くの細胞機能の制御に関わっていることが知られている。

**RNA 干渉（RNAi）**
　標的とする遺伝子と塩基配列が同じ二本鎖 RNA を細胞内に導入すると，標的遺伝子が特異的に分解されて，遺伝子の発現が抑制される現象。

**RNA ポリメラーゼ**
　DNA の塩基配列を読み取り，リボヌクレオチドを重合させることで，その配列と相補的な RNA を合成する酵素。

**αプロテオバクテリア**
　外膜をもつグラム陰性細菌のグループの一つ。光合成細菌などが含まれる。

**維管束鞘細胞**
　葉組織において，維管束を取り囲む形で存在する細胞層を維管束鞘細胞という。同化産物の輸送や貯蔵に働くと考えられている。特に $C_4$ 植物では，顕著に発達していて，維管束鞘細胞内の葉緑体において，葉肉細胞から再放出された $CO_2$ のカルビン回路における固定が行われている。

**遺伝子の水平転移**
　遺伝子の水平伝搬ともいう。通常の生殖活動によるのではなく，同種個体間，あるいは他種生物間において生じる遺伝子の移動のこと。原核生物などにおいてプラスミドやウィルスにより，他種類の個体に遺伝情報が移動することはよく知られている。同様のことは真核生物でも知られており，ヒトゲノムにもウィルスの遺伝子が取り込まれていたり，植物間でトランスポゾンの転移が生じたりしている。

**遺伝子の重複**
　DNA の複製時に，ある遺伝子または，染色体を含む複数の遺伝子が過剰に生じることをいう。重複した遺伝子の一方が選択圧から解放されるため，変異が蓄

積され新たな機能をもつ可能性があり，進化の原動力の一つと考えられている。
**遺伝子ファミリー**
生物の進化の過程において，共通の先祖に由来すると考えられる複数の遺伝子種の一まとまりのこと。祖先遺伝子から遺伝子重複によって形成されてきたと考えられている。
**いろいろなルビスコ（Rubisco）**
真核藻類の紅藻の仲間に，陸上植物のルビスコより相対的に低いオキシゲナーゼ活性をもつ種が発見された。高温・酸性泉環境に自生する仲間で，いわゆる極限環境適応種といえる。しかしながら，それらのルビスコは絶対的な触媒速度が低く，陸上植物型ルビスコを凌ぐ未来型に進化したスーパールビスコとは評価できない。
**NADPH**
ニコチンアミドアデニンジヌクレオチドリン酸。低分子の有機化合物で，生体内のさまざまな酸化還元反応において還元剤の役割を果たす。酸化されて$NADP^+$になる。リン酸基のないNADHも同様に生体内で還元剤として使われる。
**ATP（Adenosine TriPhosphate）**
アデノシン三リン酸のこと。アデニンに五炭糖リボースが結合したアデノシン構造に，さらにリン酸基が三つエステル結合した化合物である。リン酸基同士の結合がエネルギー的に不安定なため，他の反応と共役したリン酸基の加水分解や縮合反応時に生じる自由エネルギー変化が，あたかもその反応へエネルギーの授受を行うように見える。このため，ATPは生体で生じる様々な反応におけるエネルギーの保存と利用にかかわる中心的物質として働いている。
**エンドトキシン（内毒素）**
グラム陰性菌の細胞壁成分で，積極的に分泌されない毒素。細菌を用いて調製した医薬品（組換えタンパク質，遺伝子治療に用いるDNAなど）では，エンドトキシンを完全に除去することが不可欠である。
**エントロピー**
熱力学において定義される状態量の一つ。ある状態の乱雑さの指標として考えることができ，反応の進行とともに一般的には増加する。

**化学浸透共役**
呼吸系や光合成系において，電子伝達が水素イオン（プロトン）の膜を隔てた濃度勾配をつくり，この濃度勾配の解消がADPのリン酸化と共役することによってATPが合成されるメカニズムをいう。
**活性酸素**
酸素分子が，他から電子を受け取って反応性の高い化合物に変化したもの。一般にスーパーオキシド，ヒドロキシルラジカル，過酸化水素の総称である。さ

用語解説

まざまな物質に対し非特異的な化学反応をもたらし，物質や細胞に損傷を与える。一方で，活性酸素を生成することで，病原体を攻撃したり，さらには細胞内の情報伝達物質として働く可能性も示唆されている。

**活性酸素種**（Reactive Oxygen Species：ROS）
大気中に含まれる酸素分子（$O_2$）が不対電子を捕獲することにより，反応性の高い状態に変化したもの。一般的に，狭義的にはスーパーオキシドアニオン（$\cdot O_2^-$），過酸化水素（$H_2O_2$），ヒドロキシルラジカル（$\cdot OH$），一重項酸素（$^1O_2$）の4種類であるが，オゾンや脂質過酸化物も含まれる。

**キメラ遺伝子**
ある遺伝子が，二つ以上の異なる遺伝子，またはその一部が融合して作られている場合を，キメラ遺伝子と呼ぶ。

**系統群**
分岐分類学において，共通の祖先から進化した生物群を一まとまりにしたもの。

**ゲノム**
生物が自らを形成・維持するために必要な最小限の遺伝情報のセットのこと。あるいは，そのセットを構成するDNA分子全体を指すこともある。

**原形質連絡**
二つの植物細胞の細胞質をつなぐ構造。細胞膜が連続し，細胞間を物質が行き来できる。低分子化合物ばかりでなく，転写因子のようなタンパク質やmRNAなども通過できることが知られている。細胞分裂時に形成されるものと，細胞が分裂後，二つの細胞間に新たに形成されるものとがある。

**酸化還元電位**
酸化剤や還元剤としての強さを定量的に表したもの。マイナスに大きいほど還元力が強く，プラスに大きいほど酸化力が強い。自発的な反応，例えば，呼吸の電子伝達においては，酸化還元電位がよりマイナスのものからよりプラスのものへと電子が流れる。

**シアノバクテリア**
藍藻（らんそう）とも呼ばれる酸素発生型の光合成を行う独立栄養の原核生物。多くのものは光合成色素としてクロロフィル$a$とフィコビリタンパク質をもち，藍色や紅色を示すが，クロロフィル$a$に加えて$b$, $c$, $d$などをもち，異なる色を示すものも知られる。約27億年前に誕生し，世界中で大繁殖することで，その有機物生産によってさまざまな従属栄養生物を支え，また酸素放出により嫌気的な大気を好気的に変えるなど，地球環境に大きな影響を与えた。また細胞内共生によって真核生物の葉緑体となり，さまざまな真核藻類を生み，陸上植物を誕生させた。

## CO₂ 濃度の変化
南極の氷床コア中の $CO_2$ 分析によると，大気の $CO_2$ 濃度は約 20000 年前一旦 180 ppm まで下がり，その後上昇して 280 ppm に落ち着いたと推定されている。また，3 億年前頃にも一時期 $CO_2$ 濃度が極端に低下したことがあったとされている。

## シグマ因子
細菌や，葉緑体などのオルガネラにおいて，RNA ポリメラーゼと結合し，DNA 上でプロモーター領域を認識することで転写を開始する場所を決定するタンパク質。様々な種類のシグマ因子が存在することが知られている。

## シス因子，トランス因子
DNA 上の遺伝子情報が読み取られる際に，その DNA の同一分子上にある配列（プロモーターや，エンハンサーなど）をシス因子と呼び，その遺伝子の発現に影響を与える別の分子（転写因子などのタンパク質や，RNA）をトランス因子と呼ぶ。

## シスト
被嚢や包嚢ともよび，さまざまな生物が生活史の一部で，厚い壁や膜を作り休眠状態に入った状態を指す。生活環境が悪化したときなどにしばしば見られ，シストは通常高い耐久性をもっている。

## ジャポニカ米とインディカ米
ジャポニカ米は日本型と呼ばれ，日本でよく食べられているコメ。世界で生産されているコメの約 2 割を占める。熱を加えると粘り気が出る。一方，インディカ米はインド型と呼ばれ，インドからタイ，ベトナム，中国，アメリカ大陸で生産されている。世界で生産されているコメの約 8 割を占める。粘りけがなく，パサパサしている。

## 自由エネルギー
熱力学において定義される状態量の一つ。反応が進む際に減少する自由エネルギーは，仕事として取り出せるエネルギーと考えることができる。

## 収斂進化
系統的に離れた複数の生物群が，同様な形態や機能面での進化をとげることをいう。多くの場合，似たような生態的な地位をしめる生物の間で認められる。

## 情報伝達カスケード
細胞膜上で受け取られた細胞外の情報は，細胞質中の因子が次々にシグナルを受け渡し，最終的には核内の転写因子により特定遺伝子の発現調節を行う。多くの場合，最初の刺激から情報の受け渡しが進むにつれ，関与する因子の数が増大する。このように，弱い刺激から大きな反応を誘導する情報伝達反応の連鎖を「カスケード」と呼ぶ。

## ジーンサイレシング（導入した遺伝子に起因する内在性の遺伝子発現低下）
導入した有用遺伝子が植物にとっては異物と認識され，その機能発現が妨げら

用語解説

れること。また，導入した遺伝子が内在性（植物がもっている）遺伝子と似ている場合，その機能発現にも影響を及ぼす。DNA を感染症などから守るために細胞が獲得した機能ではないかと考えられている。

**スプライシング**
RNA スプライシングは原核生物でも起こるので，DNA から転写された mRNA 前駆体から，イントロンと呼ばれ直接タンパク質のアミノ酸配列情報になっていない部分を除き，残りの部分（エクソン）を結合して完全なタンパク質配列情報を持つ mRNA を合成すること。ある種の tRNA やタンパク質にも似たような現象が知られている。

**相同組換え**
DNA の塩基配列がよく似た部位（相同部位）で起こる組換え。核ゲノムでは，減数分裂の過程で染色体の乗換に伴って起こる。葉緑体やミトコンドリアゲノムといった原核生物型のゲノムでは，類似した配列に挟まれた遺伝子もゲノム内に取り込まれる性質を利用して，遺伝子導入が可能となる。

**代謝**
生物の体の中で起こる様々な化学反応の総体。例えば「呼吸代謝」のように，特定の観点からみた部分的な化学反応の集まりを指す場合も多い。

**動的平衡**
物理学や化学では，ある反応が，互いに逆向きに同じ速度で進行することにより，その反応系全体では，個々の状態が変化せず，見かけ上平衡にあることをいうが，生物学では，細胞や個体，あるいは生態系において，エネルギーや物質の出入りや変化が制御され，結果としてその系の状態が一定に維持される場合も動的平衡と呼ぶ場合がある。

**動的平衡**
生物学においては，細胞や個体（場合によっては生態系）の内部ではさまざまな反応（その多くは不可逆反応）が起こっているにもかかわらず，物質やエネルギーが一定に保たれる状態を指す。

**独立栄養生物と従属栄養生物**
独立栄養生物とは，二酸化炭素のような無機化合物のみを炭素源として生育できる生物のこと。藻類や陸上植物は光をエネルギー源として，ある種の細菌類は硫化水素などの無機化合物をエネルギー源として，無機炭素化合物から有機炭素化合物を合成できる。従属栄養生物は，そのような化学反応を進めることができない生物で，外界から独立栄養生物が作りだした有機炭素化合物を利用する必要がある。ある種の細菌は，光エネルギーを利用できるが，炭素は有機化合物から得ることがある。これらも従属栄養生物である。

## ドメイン
遺伝子やタンパク質の構造の一部で，ある部分が，他の部分から独立の構造や機能をもつ場合，その部分をドメインと呼ぶ。たとえば，タンパク質リン酸化酵素において，他のタンパク質をリン酸化することができる部分をキナーゼドメインと呼ぶ。多くの遺伝子やタンパク質は，複数のドメインをもち，また同じドメインが進化的に関連する他の分子にも現れる。

## トレードオフ関係
生物の性質の変化や進化には，必ず，「あちらを立てればこちらが立たず」という関係があり，このジレンマ的な生物の特性を経済学的用語を借りて「トレードオフ」(trade-off) と表現する。

## ヌクレオシド2-リン酸類縁体
ヌクレオシド（五単糖の1位にプリン塩基またはピリミジン塩基がグリコシド結合したもの）にリン酸が2つ結合した化合物の総称。ヌクレオチドに含まれる。

## バイオマス
生物の現存量のこと。せまい意味のバイオマスとしては生物に含まれる炭素量を指す場合，さらに特殊な意味として，人間がエネルギーとして利用可能な生物量を指す場合もある。

## パブリックアクセプタンス
組換え植物に限らず，さまざまな製作，公共計画や民間計画など，周辺社会に大きな影響を与える事柄に対して，地域住民や国民が理解し，受け入れること。

## フローサイトメトリー
流体中に細胞，プランクトンなどを分散させた状態で流して，レーザー光などを当て，それぞれの微粒子からの散乱光や蛍光を測定することで，その数や性質を分析する解析方法。

## 分子育種
組換えDNA技術，遺伝子組換え技術による植物育種。人為的に，目的の遺伝子のみを植物ゲノム（核，葉緑体など）に導入して，優良株を作成（育種）する方法。従来の交配による育種と区別するために「分子」とう言葉でつくが，従来の交配においても植物細胞内では遺伝子の組換えが起こっている。

## ヘキソース類
炭素6つからなる炭水化物の総称。グルコース（ブドウ糖），フルクトース（果糖）もヘキソースに含まれる。植物体内ではリン酸が結合したヘキソースリン酸の形で代謝されることが多い。

用 語 解 説

## 胞子体と配偶体
世代交代を行う藻類や植物で二倍体の世代を胞子体と呼び，一倍体の世代を配偶体と呼ぶ。

## マスタースイッチタンパク質
同時に多数の遺伝子発現を制御（オン，オフを調節）するタンパク質（転写因子）。

## 戻し交配
交配（交雑）によって得られた後代（子孫）に対して，最初の親のうちの片方を再び交配させ，望む特性の遺伝子のみを有する個体を選抜する（望む特性に不要な遺伝子を排除する）方法。

## 有光層
光合成生物が光合成によって生存するために必要な光が到達する水深帯。有光層の下限の深さは水中のプランクトンなどの生物や懸濁物の量によって異なり，一般に水中の栄養塩が多いと浅くなり，また季節によっても変化する。

# 索　引

## 数　字
3-ホスホグリセリン酸　32
1,3-ビスホスホグリセリン酸　33
1,000 植物ゲノムプロジェクト　138

## 欧　文
ABA　98
AREB/ABF 転写因子　98
ATP　3, 24, 28, 32, 35, 37, 40, **182**
ATP 合成　8, 17, 24, 25
$C_2$ 植物　149
$C_3$ 光合成　38
$C_4$ 光合成　35, 38, 171
$C_4$ 植物　149, 171
$Ca^{2+}$　95
CAM　36, 38, 83, 177
$CO_2$　14
$CO_2$ 濃度の変化　163, 174, **183**
$CO_2$ の濃度上昇　174

DNA　2, 5, 31, 128

FACE　174
FBPase　147
FBP/SBPase　147

GFP　157

HSE　103
HSF　102
HSP　102

ICE1　107

LEA タンパク質　121
Lindeman 比　8

MIZ1 タンパク質　119

NADPH　23, 28, 32, 37, 40, **182**
Nudix　152

PEP　35
PEPC　35
PGA　32, 35, 38
PPR タンパク質　131

RNA 干渉（RNAi）　155, **181**
RNA 編集　132
RNA ポリメラーゼ　136, **181**
RNAi　141
ROS　151
*rpoA*　136
RuBP　32, 35
SBPase　147
SOD　28

TRP チャンネル　101

UVB タンパク質　95

*α* プロテオバクテリア　45, 134, **181**

*β*-カロテン　28

189

## あ 行

青いバラ　159
アグロバクテリウム　140, 148
アスコルビン酸　164
アスコルビン酸酸化酵素　104
アスコルビン酸ペルオキシダーゼ　28, 104, 164
アデニル酸シクラーゼ　82, **181**
アデノシン三リン酸　3
アピコンプレクサ　63
アブシシン酸　98, 99
アマモ　121
アミロース　150
アミロプラスト　112
アミロペクチン　150
アルギン酸　73
アルベオラータ　60
アンテナ色素　20, 69
アントシアン　23, 95

維管束鞘細胞　171, **181**
維管束植物　53
異型花柱性　88
異形世代交代　76
異形葉　85
一次共生　47
一次植物　47
一次生産者　65
一次能動輸送系　122
一重項酸素　28
遺伝子組換え　140
遺伝子の重複　44, **181**
遺伝子の水平転移　44, **181**
遺伝子ファミリー　128, 129, **182**
イヌカタヒバ　126, 129, 133
いろいろなルビスコ　**182**
イワヒバ　96
インディカ米　150, **184**

渦鞭毛植物　59
渦鞭毛藻　71

栄養塩　66, 112
液胞　116
エチレン　111

エレクトロポレーション　141
遠赤色光領域　93
円石藻　58
エンドトキシン　158, **182**
エントロピー　3, **182**
エンボリズム　105

黄金色藻　72
オキサロ酢酸　35
オーキシン　113
オスモチン　121
オゾン層　31, 45, 163
オルガネラ　29, 45
オーレオクロム　94
温室効果　161
温暖化　174
温度　14
温度環境　100
温度馴化　109
温度ストレス　101
温度センサー　101
温度適応　109
温度認識　100

## か 行

灰色植物　49
回旋運動　88
海草　65
海藻類　77
開放花　87
外洋　65
化学合成細菌　17
化学合成生物　7
化学浸透共役　25, **182**
核　12
核ゲノム　140
過酸化水素　27, 151
化石燃料　46
活性酸素　27, 100, 151, 163, **182**, **183**
褐藻　23, 58
褐虫藻　61
仮道管　106
カラギナン　73
カルビン・ベンソン回路　17, 33, 35, 36, 38, 40, 145, 167
カロテノイド　22

索　引

191

環境感覚　123
環境情報　89
環境ストレス　142, 144, 151
乾燥環境　96
乾燥ストレス　153
乾燥耐性　96, 127
乾燥誘導性遺伝子　98
寒天　73
眼点　81

気孔　85, 93, 97
寄生　77
寄生植物　62
木原均　125
気胞　76
キメラ遺伝子　138, **183**
吸水阻害　101
共生　77

クチクラ　96
クラミドモナス　94, 126, 127
グリセロール　107
クリプトクロム　91, 93
クリプト藻　57, 82
グルコース　39
クロララクニオン藻　56
クロロフィル　18, 22, 89, 91

形質　140
形質転換植物　141, 155
形成層　54
珪藻　58
系統群　60, **183**
ゲノム　10, 125, 132, **183**
ゲノム再編成　133
原核生物　46, 68
原形質連絡　51, 74, **183**

高塩環境下　121
光化学系　23, 30
光化学系 I　20, 24, 28, 43
光化学系 II　20, 24, 26, 28, 43
好気呼吸　18
後期胚形成タンパク質　127
光合成　7, 17
光合成細菌　18, 20, 30, 43, 162

光合成色素　22
光合成生物　1, 8, 10, 65
光周性　92
紅色細菌　20
紅色植物　50
恒水植物　96
紅藻　22, 50, 76
光量子　91
呼吸　3, 28
コケ植物　52, 127
古細菌　104
コシヒカリ　150
コルメラ細胞　112
混合栄養　72

## さ　行

細胞外凍結　105
細胞内骨格系因子　117
殺虫性タンパク質　154
酸化還元エネルギー　9
酸化還元電位　7, 28, **183**
酸化還元反応　19
酸化的リン酸化　8
三次共生　59
三相の世代交代　77
酸素呼吸　8, 31, 45
酸素濃度の変化　163
酸素発生型光合成　44
三炭糖　33

シアネレ　48
シアノバクテリア　10, 20, 43, 68, 134, 147, 163, **183**
紫外線　95
自家受粉　86
色素体分裂リング　50
シグマ因子　136, **184**
自己複製能　5
脂質二重膜　102
自殖性　86
シス因子　**184**
シス制御配列　132
シスト　77, **184**
シダ植物　53
シトクロム $b_6/f$ 複合体　24, 25
シャクナゲ　106

索引

ジャポニカ米　150, **184**
雌雄異熟　88
自由エネルギー　3, 6, **184**
集光性複合体　50
従属栄養生物　7, 8, 72, **185**
重炭酸イオン　83
重力　109
重力屈性　112, 118
収斂進化　73, **184**
種子植物　53
受粉　88
蒸散　30, 97
情報伝達カスケード　154, **184**
初期光誘導タンパク質　128
植物　1
植物プランクトン　66
除草剤　155
ショ糖　38
シロイヌナズナ　125, 126
真核光合成生物　10, 12, 46, 125, 164
真核生物　31, 46, 104
真核藻類　68, 163
シンク器官　142
人工光合成　178
ジーンサイレシング　147, **184**
真正細菌　104
浸透圧調節　120

水生維管束植物　82
水媒　88
水分屈性　118
渦鞭毛植物　59
スクロース　38
ズークロレラ　61
ストラメノパイル　59
ストロマ　24
スーパーオキシド　27, 151, 164
スーパーオキシドディスムターゼ　164
スーパーオキシドラジカル　27
スプライシング　132, **185**

生気論　2
青色光領域　89, 93
性フェロモン　79
生物的ストレス　142
生物ポンプ　46

性誘因物質　79
赤色光領域　89, 93
セドヘプツロース-1,7-ビスホスファターゼ　147
セルロース　39, 73
全ゲノム重複　126, 133
穿孔藻　77

相同組換え　137, 156, **185**
ソース器官　142

**た行**

耐乾燥植物　177
代謝　1, 41, **185**
太陽光電池　179
多核嚢状体化　74
他家受粉　86
多細胞生物　31
炭酸イオン　83
単相世代　76
タンパク質リン酸化酵素　93

地衣　60
地球温暖化　161
窒素　111
窒素同化　40
中栄養　82
抽水植物　83
チラコイド膜　24
沈水植物　83

低温環境　101
低温耐性　102
転移性因子　126, 133
電荷分離　17, 20, 26
電気化学ポテンシャル　122
電子受容体　19, 26
電子伝達　8, 17, 23, 25, 28
電子伝達反応　19
転写因子　130
デンプン　38, 39, 150
デンプン-平衡石説　112
転流　28, 38

道管　97
同形世代交代　76

索　引

凍結環境　　101
動的平衡　　6, **185**
動物プランクトン　　69
糖葉　　39
盗葉緑体　　61
独立栄養化学合成生物　　8
独立栄養生物　　7, 72, **185**
ドメイン　　93, **185**
トランス因子　　132, **184**
トランスポゾン　　133
トランペット形細胞系　　75
トレードオフ関係　　176, **186**

### な 行

内生藻　　77
内皮細胞　　116

二酸化炭素　　14
二次共生　　56
二次細胞内共生　　70
二次植物　　56
二次能動輸送系　　122
二次ピットプラグ　　75
二倍体　　132
二倍体世代　　130

ヌクレオシド2-リン酸類縁体　　152, **186**
ヌクレオモルフ　　56, 57

ネオクロム　　94
熱ショック応答　　102
熱ショックタンパク質　　102, 153
熱ショック転写因子　　102, 153
熱水噴出孔　　7, 9, 18
燃焼　　3

農薬　　155

### は 行

バイオマス　　8, 68, 142, 174, 179, **186**
配偶体　　52, 76
倍数体　　132
バクテリオクロロフィル　　18
バクテリオフィトクロム　　93
パーティクルガン　　141

花　　54
ハプト植物　　57
ハプト藻　　72
パブリックアクセプタンス　　160, **186**
半数体世代　　129
反応中心　　19, 20

被陰反応　　92
光　　14
光エネルギー　　40, 91, 178
光化学系　　19
光環境　　89
光屈性　　93, 94, 112
光呼吸　　34, 166, 168
光傷害　　90, 170
光情報　　91
光情報処理　　95
光スイッチ　　93
光走性　　69, 79, 80, 94
光阻害　　26, 167, 170
光発芽　　92
ピコプランクトン　　68
被子植物　　54
ヒスチジンキナーゼ　　101
非生物的ストレス　　143
ビタミンA　　159
ビタミンC　　164
ビタミンE　　158
ピットプラグ　　74
ヒドロキシラジカル　　27
ヒメツリガネゴケ　　119, 126, 127
氷晶形成　　107
貧栄養　　82

フィコビリン　　23, 50
フィトクロム　　91
富栄養　　82
フェレドキシン　　24, 35
フォトトロピン　　91, 93
不均化反応　　28
複相世代　　76
フコイダン　　73
フコキサンチン　　23
フシナシミドロ　　94
腐生植物　　62
不凍タンパク質　　108

不等毛植物　58
負のエントロピー　3
浮葉植物　82
プラストキノン　24, 25
プラストシアニン　24
プラズモデスマータ　74
フラビン　81
フルクトース-1,6-ビスホスファターゼ　147
フローサイトメトリー　68, **186**
プロトンの濃度勾配　24
分化全能性　141
分子育種　145, **186**

閉鎖花　86
ヘキソース類　149, **186**
ペプチドグリカン層　49
ペルオキシソーム　34, 166
ベンケイソウ型有機酸代謝　36, 83
偏差成長　113
変水植物　96
ペンタトリコペプチドリピートタンパク質　130
鞭毛　67, 71

膨圧センサー　120
膨圧調節　120
胞子体　52, 76
胞子体と配偶体　186
ホスホエノールピルビン酸　35
ホスホエノールピルビン酸カルボキシラーゼ　35
ホスホグリコール酸　32, 34
ポーリネラ　48

## ま 行

マーカー遺伝子　141
膜受容体　102
膜の流動性　102
膜輸送体　102
マスタースイッチタンパク質　154, **187**
マンガンクラスター　178
マングローブ植物　121

水　14

水環境　118
水草　65, 82
水ストレス　172
水チャンネル　117
水ポテンシャル　97
水利用効率　171
ミトコンドリア　12, 28, 34, 45, 166
ミドリムシ藻　81
ミヤマハタザオ　133

戻し交配　140, **187**
藻場　76

## や 行

有光層　70, 72, **187**
遊離炭酸　83
ユーグレナ藻　56

葉緑素　18
葉緑体　12, 20, 47, 56, 156, 164
葉緑体遺伝子　137
葉緑体形質転換　137, 156
葉緑体ゲノム　155
葉緑体の光運動　93

## ら 行

裸子植物　54
らん藻　68

力学ストレス　110
力学的安定性　110
陸上植物　13, 51, 96
利己的遺伝子　6
リブロース-1,5-ビスリン酸　32
緑色硫黄細菌　20
緑色蛍光タンパク質　157
緑色植物　51
緑藻類　77
リン　111
ルビスコ　32, 34, 145, 161, 164, **182**
ルビスコアクティベース　166

レスポンスレギュレータ　101

### 編著者紹介

#### 三 村 徹 郎
みむら　てつろう

- 1984年　東京大学大学院理学研究科博士課程修了
- 　　　　理学博士
- 　　　　東京大学助手
- 1990年　兵庫県立姫路工業大学助教授
- 1994年　一橋大学助教授, 教授
- 2000年　奈良女子大学教授
- 2004年　神戸大学大学院理学研究科教授

#### 主要著書
- 新しい植物生命科学（講談社）
- 植物の膜輸送システム（秀潤社）
- 植物生理学（化学同人）
- Photobook 植物細胞の知られざる世界（化学同人）

#### 川 井 浩 史
かわい　ひろし

- 1983年　北海道大学大学院理学研究科博士課程修了
- 　　　　理学博士
- 　　　　北海道大学助手, 講師
- 1993年　神戸大学理学部助教授
- 1995年　神戸大学内海域環境教育研究センター教授

#### 主要著書
- 多様性の植物学1（東京大学出版会）
- 藻類の多様性と系統（裳華房）
- 藻類ハンドブック（NTS）
- Algal Culturing Techniques（Elsevier）

---

Ⓒ　三村徹郎・川井浩史　2014

2014年6月27日　初版発行

## 光合成生物の進化と生命科学

編著者　三村徹郎
　　　　川井浩史
発行者　山本　格

発行所　株式会社　培風館
東京都千代田区九段南4-3-12・郵便番号 102-8260
電話(03)3262-5256(代表)・振替 00140-7-44725

中央印刷・牧 製本

PRINTED IN JAPAN

ISBN 978-4-563-07813-3　C3045